Oualid Talhi
Maamar Hamdi

# 3-Aminopropyl-Silice dans la catalyse de la réaction de Knoevenagel

Oualid Talhi
Maamar Hamdi

# 3-Aminopropyl-Silice dans la catalyse de la réaction de Knoevenagel

## Comportement catalytique de la 3-Aminopropyl-Silice APS dans la réaction de Knoevenage: Etude de l'effet des micro-ondes

Presses Académiques Francophones

**Impressum / Mentions légales**

Bibliografische Information der Deutschen Nationalbibliothek: Die Deutsche Nationalbibliothek verzeichnet diese Publikation in der Deutschen Nationalbibliografie; detaillierte bibliografische Daten sind im Internet über http://dnb.d-nb.de abrufbar.
Alle in diesem Buch genannten Marken und Produktnamen unterliegen warenzeichen-, marken- oder patentrechtlichem Schutz bzw. sind Warenzeichen oder eingetragene Warenzeichen der jeweiligen Inhaber. Die Wiedergabe von Marken, Produktnamen, Gebrauchsnamen, Handelsnamen, Warenbezeichnungen u.s.w. in diesem Werk berechtigt auch ohne besondere Kennzeichnung nicht zu der Annahme, dass solche Namen im Sinne der Warenzeichen- und Markenschutzgesetzgebung als frei zu betrachten wären und daher von jedermann benutzt werden dürften.

Information bibliographique publiée par la Deutsche Nationalbibliothek: La Deutsche Nationalbibliothek inscrit cette publication à la Deutsche Nationalbibliografie; des données bibliographiques détaillées sont disponibles sur internet à l'adresse http://dnb.d-nb.de.
Toutes marques et noms de produits mentionnés dans ce livre demeurent sous la protection des marques, des marques déposées et des brevets, et sont des marques ou des marques déposées de leurs détenteurs respectifs. L'utilisation des marques, noms de produits, noms communs, noms commerciaux, descriptions de produits, etc, même sans qu'ils soient mentionnés de façon particulière dans ce livre ne signifie en aucune façon que ces noms peuvent être utilisés sans restriction à l'égard de la législation pour la protection des marques et des marques déposées et pourraient donc être utilisés par quiconque.

Coverbild / Photo de couverture: www.ingimage.com

Verlag / Editeur:
Presses Académiques Francophones
ist ein Imprint der / est une marque déposée de
AV Akademikerverlag GmbH & Co. KG
Heinrich-Böcking-Str. 6-8, 66121 Saarbrücken, Deutschland / Allemagne
Email: info@presses-academiques.com

Herstellung: siehe letzte Seite /
Impression: voir la dernière page
**ISBN: 978-3-8416-2025-5**

| | |
|---|---|
| Abs | Absorbance |
| AES | Aminoéthyl-Silice |
| APS | 3-Aminopropyl-Silice |
| APSg | APS greffée avec du benzaldéhyde |
| APSg' | APS greffée avec du malonitrile |
| APTES | 3-aminopropyltriéthoxysilane |
| APTMS | 3-aminopropyltriméthoxysilane |
| ATD | Analyse thermique différentielle |
| ATG | Analyse thermogravimétrique |
| C18 | Silice greffée octadécyle |
| C6 | Silice greffée hexyle |
| C8 | Silice greffée octyle |
| CPS | Chloropropyl-Silice |
| CPTES | 3-chloropropyltriéthoxysilane |
| CyPS | Cyanopropyl-Silice |
| DMF | Diméthylformamide |
| DMSO | Diméthylsulfoxyde |
| FT-IR | Infrarouge à transformée de Fourier |
| GC | Chromatographie gaz |
| GEA | Groupement électroattracteur |
| HPLC | Chromatographie liquide de haute performance |
| ICP-AES | Spectrométrie d'émission atomique |
| LC/MS | Chromatographie liquide / spectroscopie de masse |
| MBS | Mercaptobutyl-Silice |
| MPS | Mercaptopropyl-Silice |
| MPTES | 3-mercaptopropyltriéthoxysilane |
| MTBE | Méthyl-ter-butyle éther |
| $P_f$ | Point de fusion |

RMN   Résonance magnétique nucléaire

RP8   Silice greffée octylcarbamate

$Si/C_4H_9NH_2$   Silice imprégnée avec la butylamine

TEOS   Tétraéthylorthosilicate

TMOS   Tétraméthylorthosilicate

TMS   Triméthylsilane

## INTRODUCTION GENERALE

Au cours de ces dernières années, il y a eu un intérêt croissant pour l'utilisation et la conception de catalyseurs hétérogènes en vue de réduire la quantité de déchets toxiques provenant de l'industrie chimique. La catalyse hétérogène est toujours une solution pertinente, mais elle continue d'être un phénomène profondément énigmatique. Plus de 90 % de procédés chimiques de fabrication dans le monde utilise des catalyseurs sous une forme ou une autre, la plupart des aliments que nous mangeons, les médicaments que nous prenons et presque tous les combustibles sont produits suivant des réactions qui se font par catalyse hétérogène. La science et la technologie de la catalyse hétérogène ont une importance pratique, en effet, la majorité des catalyseurs commerciaux, qui ont été découverts et développés, sont les résultats des expériences réalisées au laboratoire de chimie. Cependant, il reste encore beaucoup à apprendre sur les principales manifestations de la catalyse. Néanmoins, ce n'est pas uniquement le domaine de l'industrie qui s'intéresse à la catalyse hétérogène, la pédagogie est également concernée : « Comment se fait-il que les molécules percutant la surface d'un catalyseur à des vitesses élevées peuvent être converties à la surface avec un rendement élevé et souvent avec une sélectivité en produit désiré ?! ».

Notre travail est justement consacré à l'étude des phénomènes de surface entre le catalyseur et les molécules réactives dans une réaction chimique. La réaction de Knoevenagel catalysée par l'Aminopropyl-Silice, qui est un exemple type de réaction chimique utilisant un catalyseur hétérogène, mérite d'être étudiée.

La condensation de Knoevenagel est une réaction importante conduisant à la formation d'une liaison carbone-carbone qui est largement utilisée en chimie organique de synthèse. Ce type de réaction est souvent catalysé par des bases liquides ou solides ; les amines sont classiquement utilisées comme catalyseur homogène et pour l'amélioration de leur performance, elles ont été immobilisées sur des supports solides tels que le gel de silice. Les silices greffées ont une diversité d'applications, notamment en catalyse hétérogène des réactions chimiques, entre-autres, l'Aminopropyl-Silice connue pour être un catalyseur hétérogène efficace pour des réactions de type Knoevenagel.

En plus de l'effet catalytique, l'Aminopropyl-Silice ainsi que de nombreuses silices greffées ont une importance capitale en chimie, elles sont principalement utilisées en chromatographie comme phases stationnaires, ainsi que pour l'adsorption, l'extraction et la pré-concentration des ions de métaux lourds toxiques, en biologie et dans d'autres domaines. Une partie essentielle de nos travaux de recherche sera consacrée à la synthèse et l'application de ce type de matériaux à base de silices greffées.

Cet ouvrage désigne son but principal à l'etude du comportement catalytique de l'Aminopropyl-Silice dans la réaction de Knoevenagel, nous nous intéresserons à l'étude du mécanisme réactionnel. Expérimentalement, nous essayerons d'effectuer la synthèse de Knoevenagel catalysée par l'Aminopropyl-Silice sous-irradiations micro-ondes pour mettre en évidence l'effet de cette technique sur ce genre de réaction.

En 1836, Berzélius attribua le terme « catalyseur » aux substances ajoutées en faibles quantités dans un milieu réactionnel, afin d'augmenter la vitesse de la réaction.

**Qu'est-ce qu'un catalyseur :** La catalyse est l'action d'une substance appelée catalyseur sur une transformation chimique dans le but d'accélérer la cinétique de cette conversion. Différents types de catalyse peuvent être distingués selon la nature du catalyseur :

- **Catalyse homogène**, si le catalyseur et les réactifs ne forment qu'une seule phase (souvent liquide).
- **Catalyse hétérogène**, si le catalyseur et les réactifs forment plusieurs phases (généralement un catalyseur solide pour des réactifs en phase liquide ou gaz).

Le catalyseur, qui est en général en quantité beaucoup plus faible que les réactifs, n'est pas consommé et est retrouvé inchangé à la fin de la réaction [1]. S'il est facilement séparable du milieu réactionnel, il pourra être recyclé dans une nouvelle synthèse, c'est le cas des catalyseurs hétérogènes.

**Catalyse hétérogène :** Elle correspond à une adsorption (généralement une chimisorption) d'au moins un des réactifs sur le catalyseur, qui le modifie sous une forme lui facilitant de réagir. Dans la pratique, la phase active est généralement greffée à la surface d'un support poreux, tel que les zéolithes, l'alumine, la silice ; généralement ce sont des matériaux qui possèdent une grande surface spécifique permettant la fixation d'un grand nombre de molécule [2].

**Mécanisme de chimisorption en catalyse hétérogène :** La chimisorption consiste en une création d'une vraie liaison chimique entre la surface du catalyseur et le réactif (figure I.1). La molécule chimisorbée devient alors plus réactive (activation catalytique) et peut donc subir la transformation chimique [3].

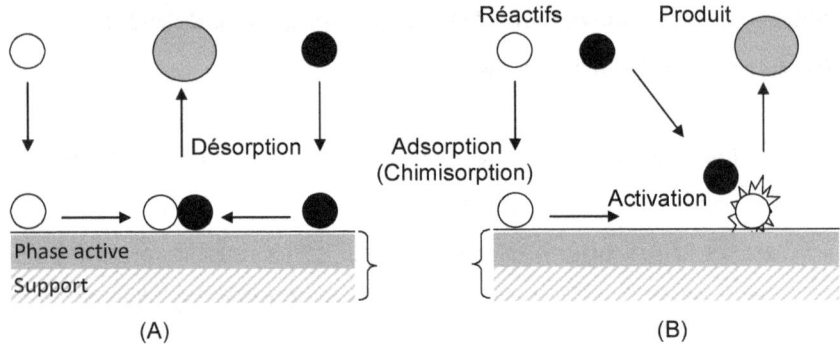

**Figure I.1 : Mécanisme de catalyse hétérogène par chimisorption.
A - Model de Langmuir Hinshelwood, B - Model de Eley Rideal.**

Dans les sections suivantes, nous exposons les résultats d'une mise au point bibliographique, portant sur les principaux travaux effectués sur les catalyseurs hétérogènes à base de silice $SiO_2$, dont la surface se trouve modifiée par greffage chimique de ligands organiques fonctionnels. (Partie I.A). L'Aminopropyl-Silice constitue la majeure partie de notre étude. Ce catalyseur est souvent employé dans la chimie organique de synthèse, nous nous intéressons à l'étude de la réaction de Knoenevagel qui a fait l'objet de nombreux travaux, dont les plus pertinents sont cités tout le long de la partie I.B. La chromatographie liquide à son tour, utilise ce type de matériaux catalytiques comme phases stationnaires dans les colonnes, ces dernières sont aussi concernées par notre étude.

## *I. MISE AU POINT BIBLIOGRAPHIQUE*
### *I.A - Gel de silice et silices greffées*

La silice, ou le dioxyde de silicium ($SiO_2$), est un minéral très abondant dans la nature. C'est le principal constituant du sable. Elle est aussi préparée industriellement ou à l'échelle du laboratoire suivant plusieurs procédés.

La silice existe aussi bien à l'état amorphe (gel de silice) que sous différentes formes cristallines (quartz, cristobalite, tridymite, …etc.) (figure I.2). La structure de la silice est particulièrement intéressante, elle se rapproche de celle du diamant. Chaque sommet du tétraèdre est occupé par un atome d'oxygène, lié à deux atomes de silicium occupant le centre de l'édifice. Ainsi, chaque tétraèdre contient en moyenne un atome de silicium et $4 \times \frac{1}{2} = 2$ atomes d'oxygène, d'où la formule $SiO_2$ [4] (figure I.3).

Gel de silice[1]          Quartz[2]

**Figure I.2 : Différentes formes de la silice
(1) forme amorphe – (2) forme cristalline.**

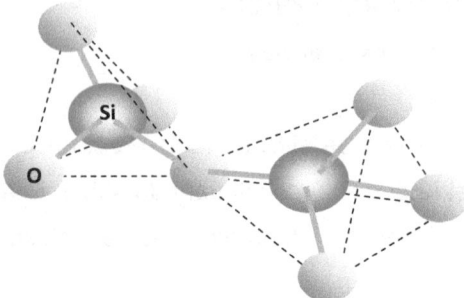

**Figure I.3 : Structure de la silice SiO$_2$.**

### I.A.1 - Le gel de silice

Le gel de silice est un polymère de l'acide silicique Si(OH)$_4$. L'intérieur de chaque grain de silice est composé de tétraèdres de SiO$_4$ (un silicate) qui a la stœchiométrie SiO$_2$. En surface (figure I.4), des groupements silanol (Si–OH) subsistent et sont responsables de la très forte polarité du gel de silice. Les grains du gel de silice sont poreux et la taille des grains et des pores dépend très fortement de la méthode de préparation utilisée. Cette structure est responsable de la très grande surface spécifique de ce matériau [5].

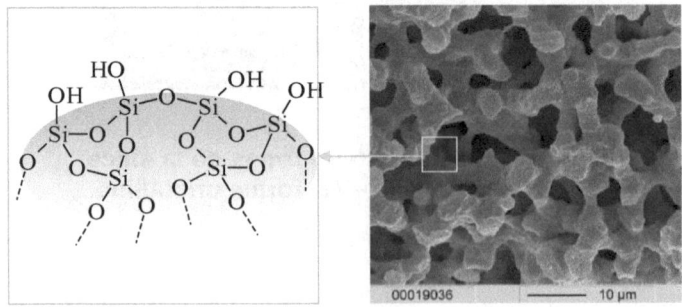

**Figure I.4 : La surface et la structure poreuse du gel de silice.**

## *I.A.1.1 - Préparation*

Différente voies de synthèse ont été mises en place. ILer [6], Unger [7] et Barby [8] ont utilisé les silicates de sodium $Na_2SiO_3$ pour la fabrication du gel de silice, par hydrolyse et polycondensation en milieu acide. Stöber *et al.* [9] ont synthétisé des particules sphériques du gel de silice à partir du tétraéthylorthosilicate $Si(OEt)_4$. Parmi les différentes techniques de préparation de ce type de matériaux, le procédé sol-gel est la technique désormais très appliquée [10, 11, 12]. Dans ce procédé, l'hydrolyse des silicates de sodium $Na_2SiO_3$ ou des alkoxydes de silicium $Si(OR)_4$ catalysée par un acide ou une base, produit des entités $Si(OH)_4$ qui se condensent en formant des oligomères puis des macro-chaines. Lors de la polycondensation, il se forme soit des liaisons siloxanes Si—O—Si, soit des liaisons silanols Si—O—H. L'utilisation des alkoxydes de silicium à la place des sels métalliques permet d'éviter la formation de produits indésirables et donc de mieux contrôler la qualité du produit final. Ainsi la majorité des gels de silice sont préparés en utilisant des précurseurs alkoxydes tels que le tétraméthylorthosilicate TMOS $Si(OMe)_4$ et le tétraéthylorthosilicate TEOS $Si(OEt)_4$ suivant une réaction d'hydrolyse-condensation [13] :

*Structure Cyclique*

*Polycondensation*

La condensation peut se faire entre deux groupements OH ou un OH et un groupement alkoxy RO. En milieu acide, l'hydrolyse est plus rapide que la condensation et suite à une augmentation du nombre de liaisons siloxanes autour de l'atome central de silicium, il se forme un polymère faiblement ramifié [14]. En milieu basique, la condensation est relativement accélérée par rapport à l'hydrolyse et il se forme plus de liaisons siloxanes. Le polymère résultant a un fort taux de réticulation et une structure cyclique [6].

### I.A.1.2 - Propriétés

*a) Surface :* Elle joue un rôle très important dans le comportement physicochimique du gel de silice. Aussi, les propriétés de la surface dépendent fortement de la méthode et les conditions de synthèse telles que la nature du catalyseur utilisé lors de la préparation (basique ou acide), le temps de vieillissement du gel, ainsi que le processus de séchage [26]. À la surface du gel, la structure se termine par des groupements siloxane Si—O—Si ou par les différents groupements silanol Si—O—H représentés dans la figure I.5 [15]:

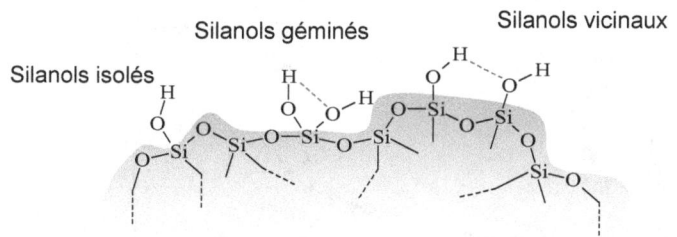

**Figure I.5 : Différents types de groupement silanol.**

Les silanols sont des acides faibles. En étudiant l'interface eau/silice, Ong [16] et Allen [17], ont prouvé la présence de deux types de groupement silanol à la surface de la silice : 15 à 19 % de silanols isolés (absence de liaisons hydrogène avec le voisinage) de $pk_a$ entre 4,9 à 5,5 et 81 à 85 % de silanols liés par des ponts hydrogène (vicinaux et géminés) directement ou par l'intermédiaire de molécules d'eau dont le $pk_a$ varie entre 8,5 et 9.

*b) Adsorption :* La grande surface spécifique, qui peut atteindre 560 $m^2/g$ ainsi que la structure poreuse du gel de silice [13], sont responsables de la forte adsorption des molécules. Li *et al.* [18], ont étudié les phénomènes d'adsorption et de désorption de l'azote $N_2$ sur la surface d'une silice poreuse à la température de - 196 °C et retrouvent les caractéristiques représentées dans la figure I.6.

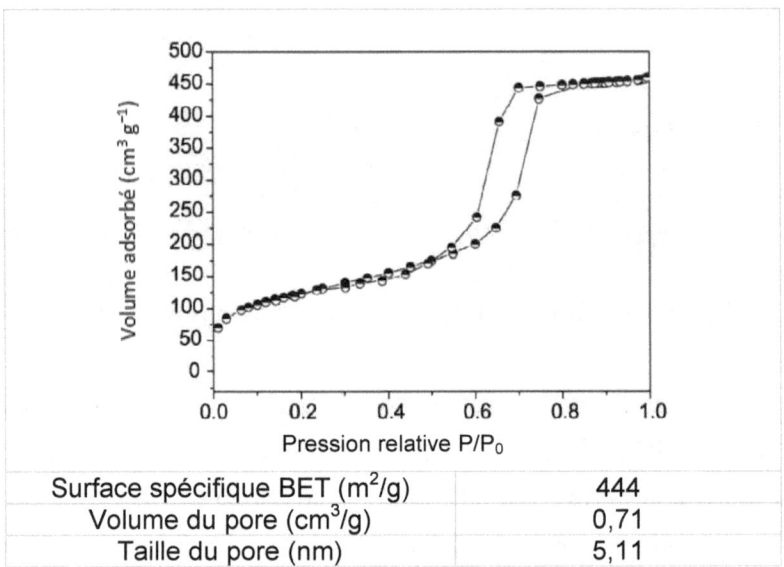

| Surface spécifique BET ($m^2/g$) | 444 |
|---|---|
| Volume du pore ($cm^3/g$) | 0,71 |
| Taille du pore (nm) | 5,11 |

**Figure I.6 : Isotherme d'adsorption / désorption de l'azote sur une silice poreuse.**

La connaissance exacte de la surface spécifique du gel de silice est essentielle pour exprimer les concentrations des espèces réactives en surface. Il a été déjà souligné que les gels de silice se caractérisent par une grande surface spécifique [5], la concentration en silanols à la surface est environ de 4 à 5 $OH/nm^2$ [19], la distance moyenne entre deux groupements silanol est de l'ordre de 3,5 à 5,5 A° [20]. Une telle surface hydroxylée peut donc donner lieu à des liaisons hydrogène, notamment avec les molécules d'eau. L'adsorption d'eau à la surface du gel de silice, qui est un phénomène réversible, peut atteindre 20 % en masse, et pour cette raison, la silice est utilisée comme desséchant (voir I.A.1.4. Application).

Suite à des analyses thermogravimétriques, Jal [13] et Scott [21], ont pu montrer que l'élimination d'une grande partie d'eau physisorbée peut se faire par un traitement thermique à haute température. Pour expliquer ce comportement de la silice, les auteurs ont proposé une adsorption de plusieurs couches (2 jusqu'à 3) d'eau à la surface. Scott et Traiman [21] ont mis en évidence au moins trois états de couche d'eau adsorbée à la surface d'un gel de silice conditionné à 23 °C dans une atmosphère à 50 % d'humidité. La figure I.7 schématise l'organisation probable des couches d'eau à la surface de la silice et leur disparition en fonction de la température.

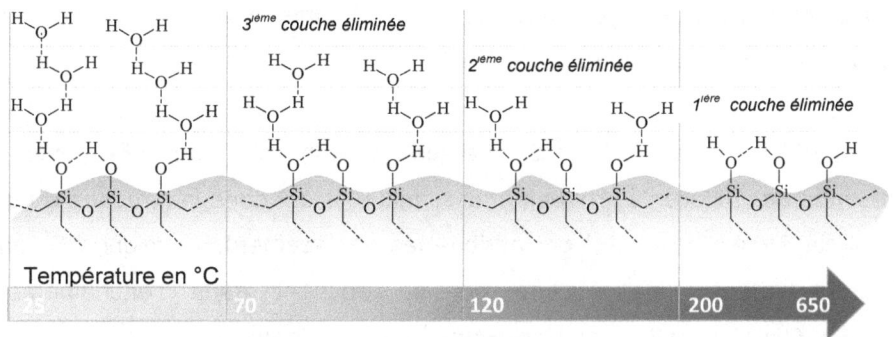

**Figure I.7 : Représentation schématique des trois monocouches d'eau physisorbées sur la silice (Modèle de Scott et Traiman).**

Rappelons que l'élimination des couches d'eau est réversible et peut se faire à l'aide d'un solvant déshydratant. À la température de 450 °C, la déshydratation intermoléculaire des silanols débute à la surface et se termine vers 1100 °C, cette élimination est irréversible :

Un traitement thermique d'un gel de silice ayant des pores étroits conduit, en fonction de la température à la diminution de sa surface spécifique et à l'augmentation de la taille de ses pores. D'après Gun'Ko [25],

17

le traitement thermique à 150 °C pendant 6 heures d'un gel de silice fait diminuer sa surface spécifique de 732 à 309 $m^2/g$ et son rayon moyen des pores passe de 1,48 à 3,31 nm.

### I.A.1.3 - Caractérisation de la surface

Il est fait appel à différentes techniques d'analyse telles que la RMN $^{29}Si$ à l'état solide, l'infrarouge à transformée de Fourier (FT-IR) et autres, pour caractériser la surface du gel de silice.

*a) RMN à l'état solide $^{29}Si$ :* Le spectre RMN $^{29}Si$ (figure I.8) montre la présence des différents groupements silanol existant dans la structure du gel de silice. Timiko *et al.* [24] ont attribué les déplacements chimiques $Q^n$ aux différents atomes de silicium qui se trouvent dans l'enchainement $Si(OSi)_n(OH)_{4-n}$ (n = 2, 3, 4), l'indexation des pics donne :

- $Q^2$ = - 92 ppm correspond à l'enchainement $Si(OSi)_2(OH)_2$ des silanols géminés.
- $Q^3$ = - 100 ppm correspond à l'enchainement $Si(OSi)_3(OH)$ des silanols vicinaux et isolés.
- $Q^4$ = - 110 ppm correspond à l'enchainement $Si(OSi)_4$ des groupements siloxane.

Les mêmes valeurs de déplacement chimique pour les différents silanols (géminés, vicinaux et isolés) ont été rapportées par Sindorf [22] et Ogenko [23], ce dernier propose l'attribution du pic à - 92 ppm aux atomes de silicium superficiels qui ont subit un changement de coordination.

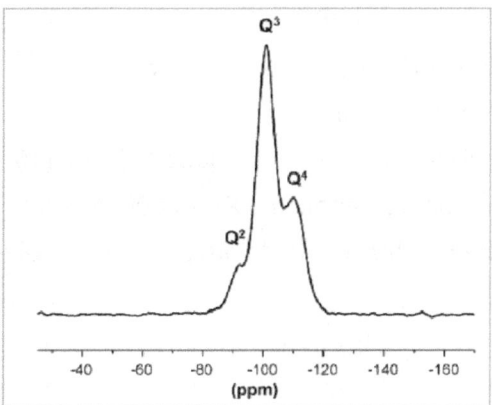

**Figure I.8 : RMN $^{29}$Si, les pics caractéristiques des différents atomes de silicium existant dans le gel de silice.**

*b) Infrarouge à transformée de Fourier :* L'analyse en FT-IR du gel de silice permet de mettre en évidence la présence d'eau adsorbée et de silanols à la surface du solide. Ainsi, le spectre FT-IR (figure I.9) d'un gel de silice est caractérisé par les pics suivants (en cm$^{-1}$) [13]:

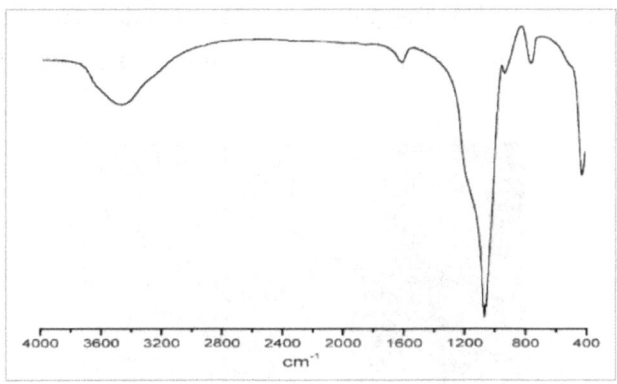

**Figure I.9 : Spectre FT-IR d'un gel de silice commercial.**

- Si—O : Rotation plane 465 - 475.
- O—H : Déformation angulaire 800 - 875 (Silanols)
- Si—OH : Vibration d'élongation 900 - 980
- Si—O—Si : Elongation antisymétrique 1000 - 1115 (tétraèdre $SiO_4$)
- O—H : Vibration d'élongation 3000 - 3800 (Silanols et $H_2O$ adsorbée)
- $H_2O$ adsorbée : Vibration de déformation de la molécule 1600 – 1625

### *I.A.1.4 - Application*

En raison de ces propriétés physicochimiques, le gel de silice est largement utilisé dans de nombreux domaines, notamment en chimie ainsi que dans notre vie quotidienne.

*a) Le quotidien :* Le gel de silice est particulièrement rencontré dans notre vie quotidienne sous une forme granulée conditionnée dans les petits sachets (figure I.10) que l'on trouve dans les paires de chaussures, les appareils électroménagers et les couverts de boites de médicament, pour la protection contre l'humidité. Rappelons que les gels de silice ont une grande affinité pour l'eau à la température ambiante (voir I.A.1.2. propriété du gel de silice).

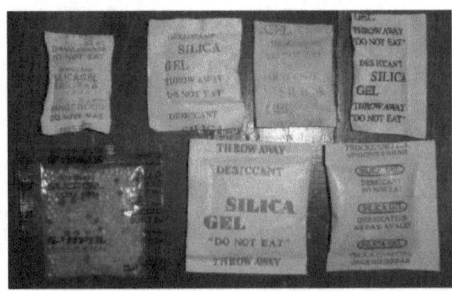

**Figure I.10 : Divers conditionnements du gel de silice.**

*b) En chimie :* Son spectre d'utilisation en chimie est très large, le gel de silice est principalement employé comme phase stationnaire pour la chromatographie liquide [27]. Il peut également être utilisé comme desséchant pour l'élimination d'eau d'un milieu réactionnel, comme réactif ou support sur lequel on peut greffer des groupements organiques (voir I.A.2. les silices greffées).

*c) En chromatographie :* Dans le cas de la chromatographie sur couche mince (CCM), le gel de silice est mélangé à un liant, comme du plâtre, auquel on ajoute souvent un pigment fluorescent qui permet une détection des composés par exposition à une lumière ultraviolette. Le mélange est déposé sur un support inerte (plaque de verre, de plastique ou d'aluminium), laissé sécher puis activé à chaud [28].

En chromatographie liquide sur colonne (HPLC et autres), le gel de silice est utilisé tel quel et peut être rendu hydrophobe en greffant des groupements hydrophobes sur les fonctions silanols, qui se présentent à la surface. Par exemple, la colonne C18 (figure I.11) est constituée d'un gel de silice sur lequel on a greffé des groupements octadécyle [30]. Dans ce cas, on parle de chromatographie en phase inverse car les produits les plus polaires sont élués en premier alors que les produits apolaires (ou hydrophobes) restent fixés plus longtemps sur la silice modifiée [44].

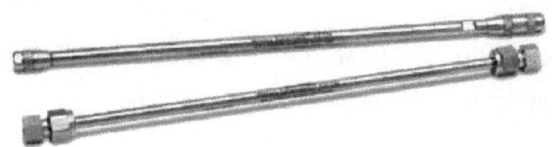

**Figure I.11 : Les colonnes de chromatographie liquide HPLC.**

## I.A.2 - Les silices greffées

La modification de la surface du gel de silice, qui a été largement étudiée durant ces dernières décennies, est un processus conduisant à un changement de la composition chimique à la surface du solide. Elle peut être effectuée par un greffage chimique de molécules organiques selon un processus de silanisation pour obtenir des silices dites greffées ou fonctionnalisées (en anglais : grafted silica - functionnalized silica - surface modified silica).

La réaction de silanisation a été développée par Plueddemann [31]. Elle consiste à greffer de façon covalente un organosilane de formule générale $R_nSiX_{(4-n)}$ (n = 1, 2, 3) où R est un radical organique et X est un groupement facilement hydrolysable (-OH, -Cl, -OMe, -OEt ... ) sur la surface du gel de silice.

Ce type de silice est largement utilisé, par exemple, comme catalyseur pour des réactions, pour la séparation des composés en chromatographie, pour rendre une surface hydrophobe ou pour immobiliser sur une surface des molécules ayant des propriétés spécifiques (voir I.A.2.2. Application).

## I.A.2.1 - Préparation

Plusieurs voies de synthèse ont été élaborées pour la fixation de groupements organiques à la surface du gel de silice.

*a) Greffage direct en phase hétérogène :* C'est la méthode la plus communément utilisée pour préparer les silices greffées, elle consiste en un chauffage au reflux pendant plusieurs heures d'une silice poreuse (préalablement prétraitée à une température généralement au-dessus de 100 °C), dans un solvant organique (toluène, xylène, éthanol) en présence d'un organosilane R—Si(OEt)$_3$ (liquide en générale) :

Cette méthode est rapide, efficace et peut être effectuée avec les différents gels de silice et les organosilanes commercialement disponibles. Cependant, elle présente des inconvénients : on note une diminution considérable de la surface spécifique, la taille des pores varie peu par rapport à celle de la silice utilisée et selon le type d'attachement de l'organosilane, on distingue trois formes d'espèces à la surface : mono, bi, ou trifonctionnelles. Les deux premières formes peuvent gêner l'activité chimique du groupement R par suite des réactions parasites dues aux groupements éthoxy restants [32].

La plupart des travaux publiés sur le greffage de la surface de la silice portent sur la méthode de synthèse en milieu anhydre [33-36]. La réaction suit un mécanisme de substitution nucléophile entre un silanol Si—OH du gel de silice et un éthoxy Si—OEt de l'organosilane utilisé, une molécule d'éthanol sera donc libérée :

23

En présence d'eau, le groupement éthoxy s'hydrolyse facilement en silanol, ce dernier réagit à la surface de la silice en formant une liaison siloxane :

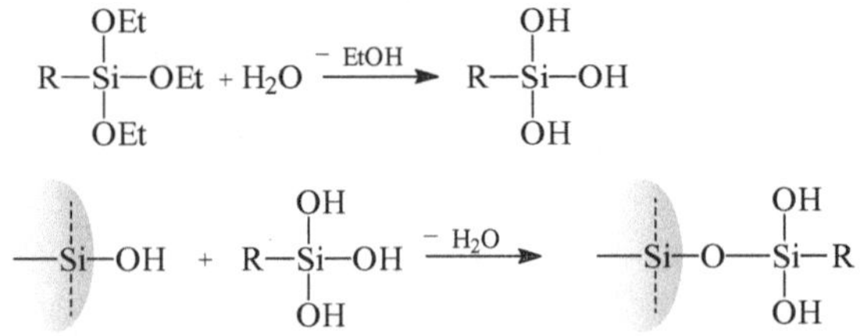

L'hydrolyse des organosilanes conduit à des oligomères qui se condensent à la surface du gel de silice formant ainsi une couche de polymère [37]:

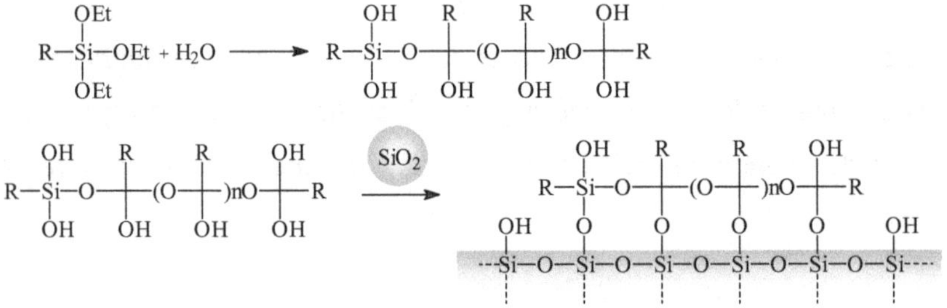

Ces oligomères ainsi que les organosilanes qui n'ont pas réagi, seront ensuite éliminés par lavage ou extraction dans divers solvants.

En outre, le greffage des molécules organiques sur la surface du gel de silice peut se faire en deux étapes dont la première consiste à faire réagir les groupements silanol du gel de silice avec un organosilane commercial

24

(exemple : le 3-aminopropyltriéthoxysilane APTES) sur lequel sera fixée, dans une deuxième étape la molécule organique [32]:

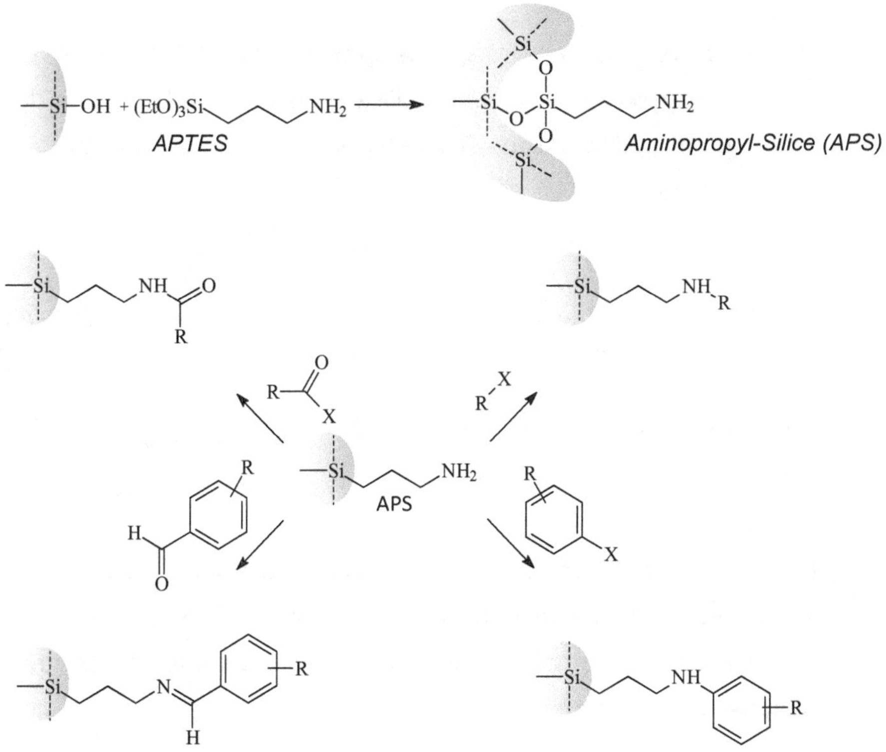

APTES

Aminopropyl-Silice (APS)

APS

Il est aussi possible de faire réagir la molécule organique sur l'agent de silanisation puis greffer le produit formé sur la surface du gel de silice. Cette méthode est appelée par certains auteurs synthèse par voie homogène [34].

Le taux de greffage dépend principalement de la méthode de greffage suivie, ainsi que d'autres paramètres tels que : la réactivité de la molécule à greffer (ou le greffant) et de l'agent de silanisation, la surface spécifique et la porosité du gel de silice. Partant de la méthode de greffage direct en phase hétérogène, des taux de greffage de l'ordre de 1 mmol de ligand par gramme de solide ont été rapportés dans la littérature.

- Sales *et al.* [35] ont réussi le greffage de 0,76 mmol/g de 2-aminoéthylpyridine sur une silice fonctionnalisée avec le 3-chloropropyltriéthoxysilane (CPTES) dont le taux de greffage est de 1,31 mmol/g :

- Le 5-amino-1,3,4-thiadiazol a été immobilisé sur la surface du CPS [34]. Les auteurs ont trouvé que la voie homogène conduit à un taux de greffage de 0,73 mmol/g contre 0,65 mmol/g dans le cas de greffage direct en phase hétérogène :

- Des taux de greffage élevés de l'ordre de 1,807 ; 1,463 ; 1,476 et 1,544 mmol/g ont été obtenus respectivement pour, l'aminopropyle, l'éthylènediamine, la diéthylènetriamine et la triéthylènetetramine greffées en phase hétérogène dans un milieu anhydre [33].

26

Citons d'autres travaux sur les silices greffées:

- Transformation de silanols en hydrures [5]

$$—Si—OH \xrightarrow{SOCl_2} —Si—Cl \xrightarrow{LiAlH_4} —Si—H$$

$$—Si—OH \xrightarrow{(OH)_3SiH \text{ ou } (Cl)_3SiH} —Si—H \xrightarrow{\underset{Rh}{\diagup\!\!\!\diagup^R}} —Si\diagdown\diagup^R$$

- Greffage du 3-mercaptopropyltriéthoxysilane (MPTES) et immobilisation de l'éthylènimine

$$(EtO)_3Si\diagdown\!\!\diagup\!\!\diagdown SH \xrightarrow{SiO_2} —Si\diagdown\!\!\diagup\!\!\diagdown SH \xrightarrow{\overset{NH}{\triangle}} —Si\diagdown\!\!\diagup\!\!\diagdown S\diagdown\diagup NH_2$$

*MPTES*          *Mercaptopropyl-Silice (MPS)*

- Création d'une liaison Si—O—C

$$—Si—OH \xrightarrow{\textit{Traitement alcalin}} —Si—O^- \xrightarrow{Br\diagdown\!\!\diagup\!\!\diagdown Br} —Si—O\diagdown\!\!\diagup\!\!\diagdown Br$$

$$—Si—O\diagdown\!\!\diagup\!\!\diagdown Br \xrightarrow{EtO\overset{O}{\diagdown}\overset{O}{\diagup}OEt} —Si—O\diagdown\!\!\diagup\!\!\diagdown\overset{OEt}{\underset{EtO\diagup\!\!\diagdown O}{\diagdown O}}$$

**b) Greffage par co-condensation (Sol-gel)** : La co-condensation d'un organosilane avec un précurseur de silice (TEOS, TMOS, $Cl_4Si$) est aussi une méthode très connue pour la préparation des silices greffées suivant le procédé dite « sol-gel » [32, 38] :

$$(EtO)_3Si-R \ + \ (EtO)_4Si \ \xrightarrow{H_2O}$$

Cette méthode, qui a été initialement utilisée pour la préparation des gels de silice [10-12], est avantageuse car elle nécessite des conditions réactionnelles douces. Les silices greffées résultants sont thermiquement stables (< 450 °C) et les groupements organiques liés résistent à la solvatation. Le taux de greffage est très élevés (3 à 5 mmol/g), il est indépendant de la nature de l'agent de silanisation mais il peut être contrôlé par le rapport molaire de l'organosilane dans le milieu réactionnel. Ainsi les surfaces spécifiques sont très grandes et varient entre 700 et 1600 $m^2/g$ [32].

Dans son travail sur la récupération d'ions métalliques, Lee *et al.* [38] ont synthétisé une silice greffée par une co-condensation de deux organosilanes APTES et MPTES et un précurseur de silice avec un rapport molaire 1 : 1 : 4 (mole) respectivement, ce qui a conduit à un taux de greffage total de 2,9 mmol/g

Waters corporation, l'un des premiers constructeurs des colonnes chromatographiques dans le monde, utilise principalement la technologie sol-gel dans la préparation des phases stationnaires à base de silice greffée [29, 39, 40] :

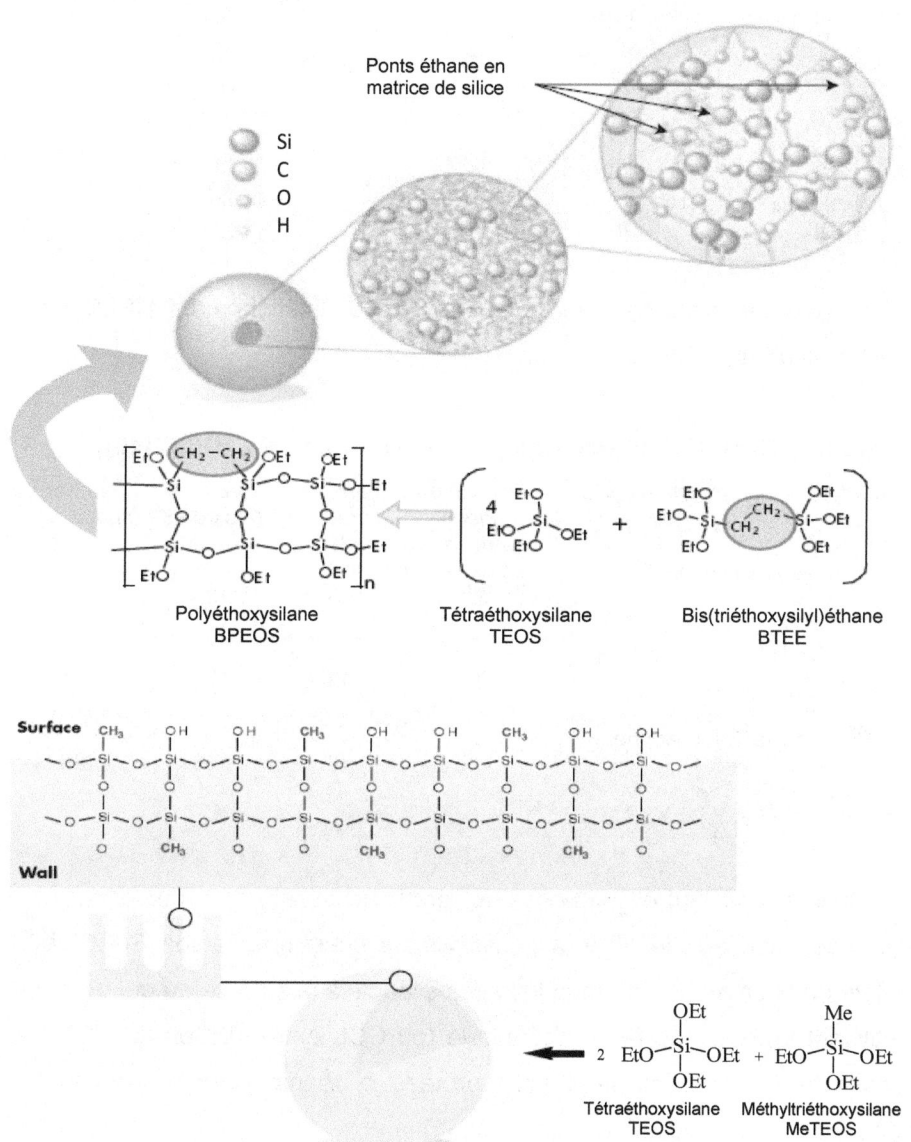

Ponts éthane en matrice de silice

Si
C
O
H

Polyéthoxysilane
BPEOS

Tétraéthoxysilane
TEOS

Bis(triéthoxysilyl)éthane
BTEE

Surface

Wall

Tétraéthoxysilane
TEOS

Méthyltriéthoxysilane
MeTEOS

29

Les taux de greffage pour quelques phases stationnaires HPLC sont représentés dans le tableau suivant :

**Tableau I.1 : Caractéristiques des phases stationnaires HPLC [40].**

| Structure chimique superficielle | Densité du ligand ($\mu mol/m^2$) | Taux de carbone (%) | Diamètre des pores (A°) | Surface spécifique ($m^2/g$) |
|---|---|---|---|---|
| C18 Trifonctionnel | 3,1 | 18 | 135 | 185 |
| C8 Trifonctionnel | 3,2 | 13 | 135 | 185 |
| C6 Phényle Trifonctionnel | 3,0 | 15 | 135 | 185 |

Il existe une autre méthode de greffage sur le gel de silice peu fréquentée, bien qu'elle offre la possibilité de créer une liaison Si—C. Elle consiste en la chloration de tous les sites silanols à la surface du gel de silice en utilisant le $SOCl_2$ au reflux thermique (ou $CCl_4$ entre 400 et 450 °C), les liaisons Si—Cl ainsi formées sont protées à réagir avec un réactif de Grignard ou un organolithien approprié [41]:

30

Mise à part le greffage chimique ou covalent, Cooper *et al.* [42] ont rapporté une voie de greffage non-covalent basée sur les phénomènes physiques d'adsorption et d'adhésion. Le ligand organique LIX-84 est attaché à une surface méthylée d'un gel de silice, grâce à sa grande affinité hydrophobique de la longue chaine carbonée $-C_9H_{19}$ :

**Note :**

**Synthèse des organosilanes $R_nSiX_{(4-n)}$ :** Les deux moyens les plus généraux pour la préparation des organosilanes en vue de leur application dans le greffage sont la substitution nucléophile de X (OH, Cl, OMe, OEt ...) dans $SiX_4$ par un réactif organométallique ou l'addition des organosilanes sur des liaisons multiples (hydrosilation) [43, 46]. Les composés organomagnésiens RMgX et organolithiens RLi réagissent avec le tetrachlorosilane $SiCl_4$ pour donner des agents n substitués :

$$SiCl_4 + n\ R-MgCl \longrightarrow R_nSiCl_{4-n} + n\ MgCl_2$$

## I.A.2.2 - Application

Les gels de silice greffés ont une importance capitale dans la chimie grâce au comportement chimique et physique polyvalent de leur surface qui dépend de la nature du ligand greffé. Selon le besoin et le domaine d'application, la surface peut être modifiée par greffage de ligands appropriés qui ont des propriétés spécifiques et adaptées à l'utilisation ultérieure de ce type de matériau.

Les silices greffées sont essentiellement utilisées en chromatographie comme phase stationnaire dans les colonnes HPLC (ou GC) [50, 51]. La séparation des molécules est basée sur le comportement différent de chacune vis-à-vis de la surface de silice utilisée. Ces molécules sont plus ou moins retenues à la surface pendant l'élution (par la phase mobile, gaz en GC et liquide en HPLC) et séparées en fonction de leur affinité pour cette surface de silice greffée (interactions hydrophiliques ou hydrophobiques, polaires ou apolaires). À titre d'exemple la colonne, C18 où la surface de la silice utilisée se trouve modifiée par greffage de groupements octadécyle ($C_{18}H_{37}$), une telle surface apolaire permet de retenir les molécules apolaires (hydrophobes) plus longtemps que celles qui sont polaires [44] (figure I.12, I.13).

Bouvier _et al._ [45], ont mis en évidence l'effet des ligands polaires sur les temps de rétention de quelques molécules analysées par HPLC. Ils ont conclu, après une étude comparative entre la phase stationnaire polaire RP8 (octylcarbamate) et la phase apolaire C8 (octyle), que les temps de rétention pour les molécules apolaires diminuent en utilisant la colonne RP8 car celle-ci les retient moins par rapport à la C8 (figure I.14).

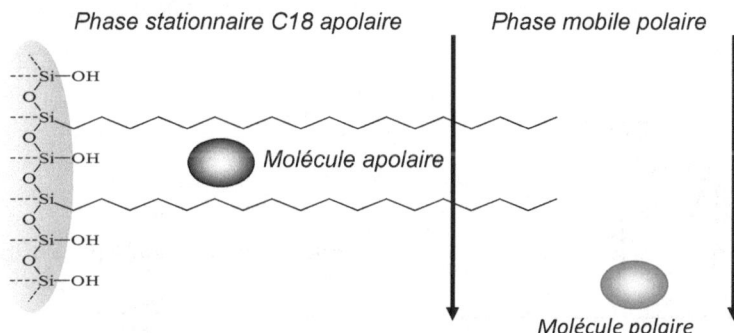

**Figure I.12 : Mécanisme de rétention des molécules par la phase stationnaire C18.**

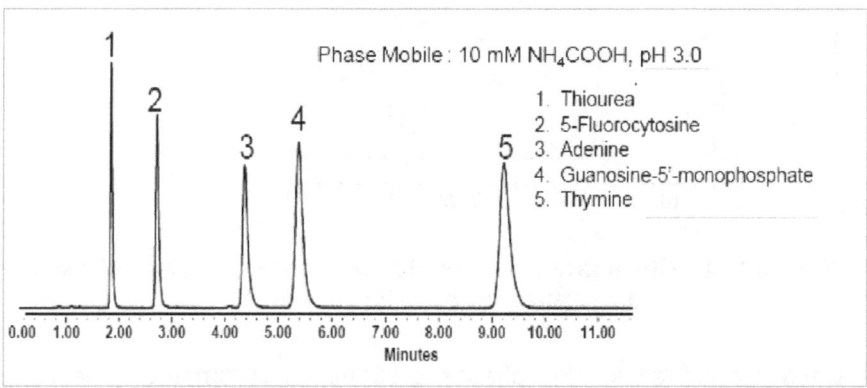

**Figure I.13 : Chromatogramme de séparation de quelques molécules par une colonne C18.**

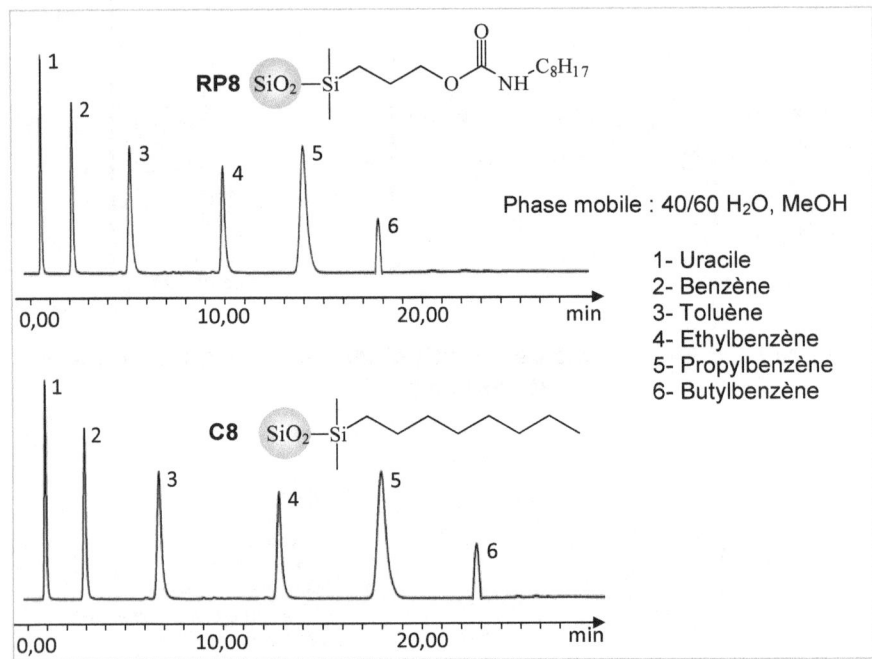

**Figure I.14 : Chromatogrammes de séparation par deux phases différentes en polarité RP8 et C8.**

Dans son travail sur les phases greffées en chromatographie liquide, Ferroukhi *et al.* [47], ont modifié la phase stationnaire Aminoéthyl-Silice (AES) par couplage d'une molécule ILC sur le groupement amine. Cette phase présente des propriétés cristaux liquides avec deux températures de transition à 52 et 64 °C et permet la séparation des isomères géométriques. À titre d'exemple, le phénanthrène et l'anthracène peuvent être séparés en utilisant cette phase :

34

$$R \qquad ILC = R—COOH$$

D'autre part, les silices greffées peuvent être utilisée pour la fixation d'ions métalliques à la surface. Ce plus grand intérêt porté par les chercheurs est dû aux dangers de pollution et de toxicité d'ion de métaux lourds. Sur ce sujet, on peut citer quelques exemples [5] :

Fixation et séparation des ions $Ag^+$, $Au^{3+}$, $Pd^{2+}$, $Pt^{2+}$.

Purification de l'éthanol commercial des ions métalliques.

Sélectivité pour les ions $Hg^{2+}$.

En catalyse, plus précisément la catalyse hétérogène, plusieurs gels de silice greffée ont fait l'objet de nombreuses investigations durant ces dernières décennies comme en témoigne le très grand nombre de publications, dont on ne cite que quelques unes dans cette partie [32] :

- Préparation d'un catalyseur d'oxydation par immobilisation de l'acétate de cobalt $Co(Ac)_2$ sur le Cyanopropyl-Silice (CyPS) :

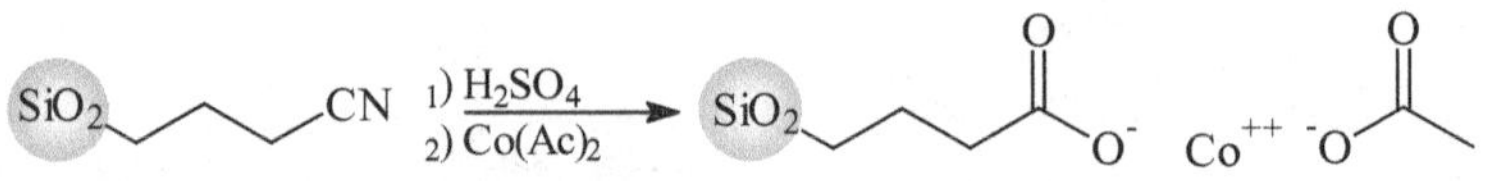

Ce type de catalyseur est employé dans l'époxydation des alcènes, à titre d'exemple :

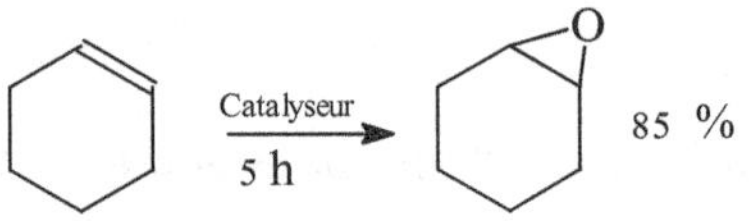

- Synthèse d'un catalyseur à caractère acide de Lewis pour l'alkylation des aromatiques :

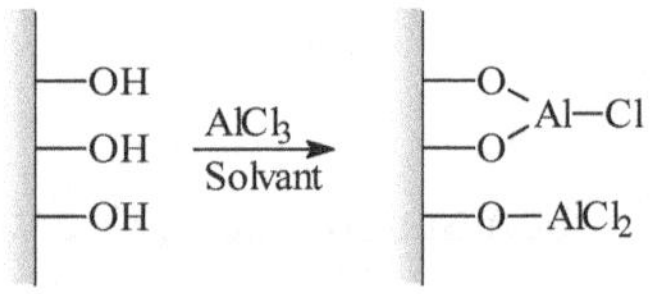

- Catalyseur acide de Bronsted :

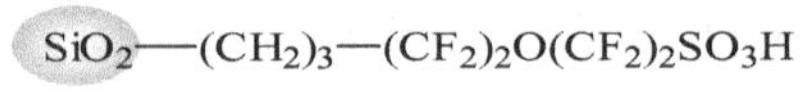

$$SiO_2-(CH_2)_3-(CF_2)_2O(CF_2)_2SO_3H$$

- Réaction d'arylation des alcènes catalysée par le palladium supporté sur la surface du Mercaptobutyl-Silice (MBS) [74]:

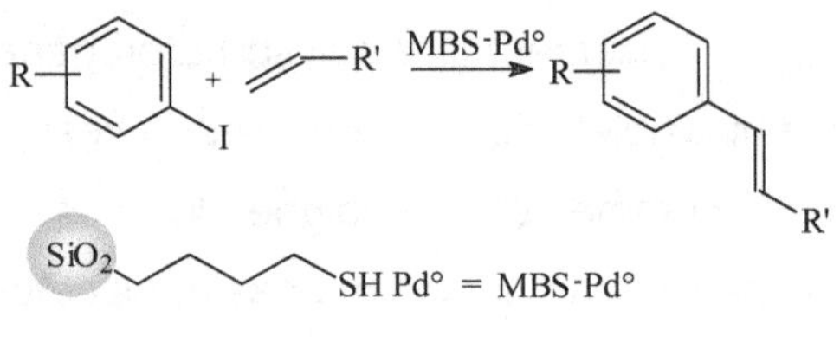

Ces types de catalyseur hétérogène sont largement utilisés dans les procédés industriels car recyclables et/ou facilement récupérables après usage. En outre, ces catalyseurs jouent un rôle principal dans l'amélioration des processus économiques et environnemental de la fabrication chimique.

L'utilisation des ligands basiques greffés sur la silice comme catalyseurs hétérogènes a fait l'objet de nombreuses recherches portées sur les réactions organiques qui nécessitent la formation de carbanion après une déprotonation catalysée par une base, comme par exemple : la condensation aldolique, l'addition de Michael et la réaction de Knoevenagel. Ces réactions peuvent être catalysées par des silices greffées à caractère basique, l'exemple le plus courant est l'Aminopropyl-Silice (APS), dont la majorité des travaux qui ont été effectués, décrivent l'usage de ce matériau comme un catalyseur basique efficace pour la réaction de Knoevenagel [46].

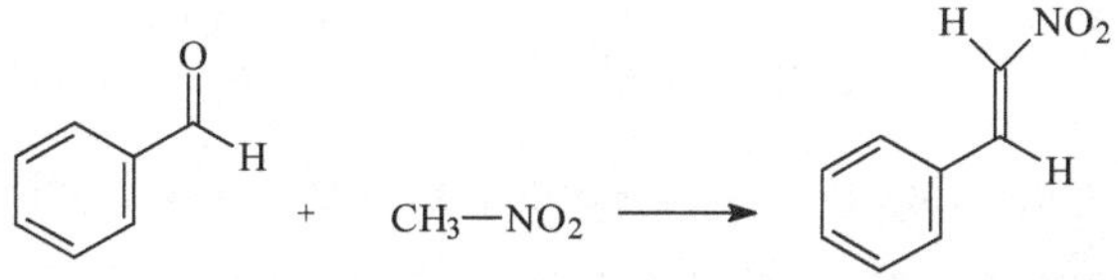

**Nitroaldolisation**

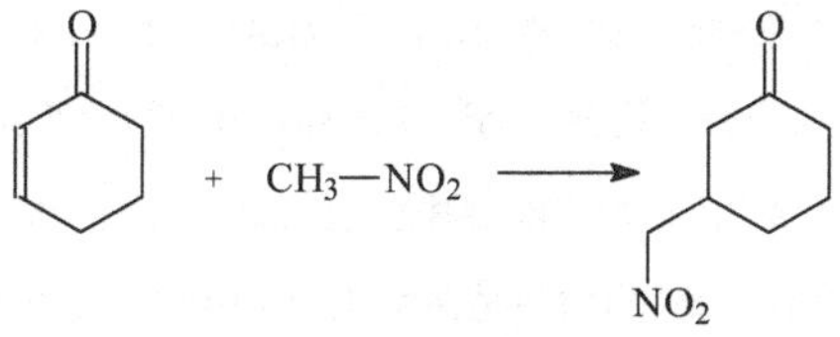

**Addition de Michael**

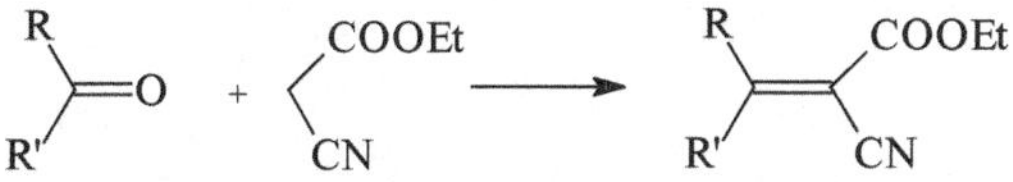

**Réaction de Knoevenagel**

La suite de cette bibliographie sera consacrée à l'étude de l'Aminopropyl-Silice et son efficacité catalytique dans la réaction de Knoevenagel.

## I.B - Réaction de Knoevenagel catalysée par l'Aminopropyl-Silice

L'application des silices greffées dans divers domaines de chimie, notamment la catalyse hétérogène en chimie organique de synthèse et l'analyse en chromatographie, ouvre un spectre de recherche très vaste qui est en cours d'évolution et de valorisation. En effet, ces solides ont l'avantage de regrouper dans un seul matériau, les propriétés de deux composés : la rigidité mécanique et la stabilité thermique du squelette tridimensionnel de la silice et la réactivité chimique apportée par les ligands organiques greffés [48].

Les aminosilices (figure I.15) sont des objectives scientifiques très populaires pour être spécifiquement classées dans la catégorie des silices greffées à caractère basiques. Elles sont fonctionnalisées par des groupements amines (primaires en général) qui sont responsable de la basicité du matériau. Les aminosilices offrent un champ d'action très large, comme en témoignent les travaux publiés sur ce sujet depuis l'introduction du greffage sur la silice, on peut citer différents domaines d'application, comme par exemple : la chromatographie liquide [47, 30, 50, 51], la catalyse basique [52-55], l'extraction et la séparation des ions métalliques toxiques [49, 18, 33, 36] .

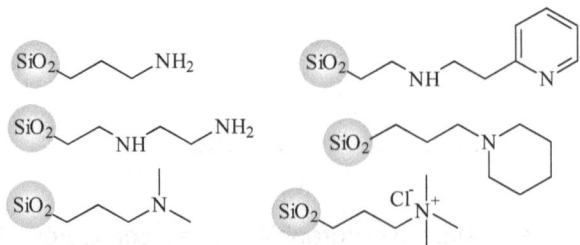

**Figure I.15 : Différentes aminosilices synthétiques.**

### I.B.1 - Aminopropyl-Silice

L'Aminopropyl-Silice (APS) est l'une des aminosilices les plus rencontrées dans la chimie et qui a attiré l'attention de nombreux chercheurs. Les propriétés physicochimiques diverses de l'Aminopropyl-Silice lui confèrent une importance unique, cette dernière réside dans l'activité polyvalente de sa surface qui est reliée aux différents groupements existant et qui sont : la fonction amine primaire qui présente la partie active de la surface, la chaine propylène qui constitue le bras liant (en anglais : Linker) entre la surface et la partie active et en fin les silanols résiduels et les groupements siloxane qui constituent le squelette interne de l'Aminopropyl-Silice [49] (figure I.16).

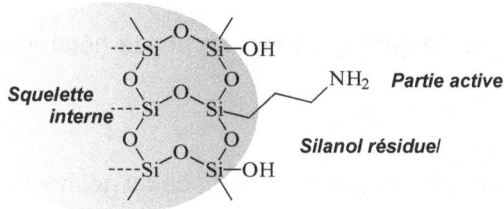

**Figure I.16 : Structure de l'Aminopropyl-Silice (APS).**

Dans ce qui suit, nous limiterons notre recherche bibliographique à la seule Aminopropyl-Silice et aux principaux travaux traitant les propriétés de ce matériau, ainsi que les différentes méthodes de synthèse et de caractérisation spectroscopique. Concernant les domaines d'exploitation précédemment cités, comme la catalyse et la chromatographie, nous examinerons dans la partie « Application » le comportement chromatographique de la phase stationnaire Aminopropyl-Silice dans l'analyse en HPLC. Son utilisation comme catalyseur hétérogène sera largement traitée vis-à-vis des réactions de condensation entre les méthylènes actifs et les carbonyles. De plus amples détails seront donnés sur la réaction de Knoevenagel catalysée par l'APS.

### I.B.1.1 - Synthèse de l'Aminopropyl-Silice (APS)

La synthèse de l'Aminopropyl-Silice a été précédemment illustrée dans la partie consacrée aux silice greffées. Dans ce cas, la surface de la silice sera modifiée par greffage du 3-aminopropyltriéthoxysilane (APTES) ou 3-aminopropyltriméthoxysilane (APTMS). Plusieurs protocoles expérimentaux de synthèse ont été rapportés dans la littérature [48, 49, 52, 53, 55], suivant les deux procédés, qui sont le greffage direct en phase hétérogène et la co-condensation (voir I.A.2.1. Préparation des silices greffées).

Le protocole de greffage direct en phase hétérogène peut être divisé en trois étapes :

• Prétraitement thermique de la surface du gel de silice.
• Silanisation de ces surfaces par l'APTES dans un milieu approprié (chauffage au reflux).
• Rinçage et séchage en fin de réaction.

Selon Simon *et al.* [56], dans un milieu aqueux, les organosilanes s'adsorbent sur la surface hydratée de la silice, ce qui entraîne l'hydrolyse des groupements éthoxy de l'APTES, les molécules subissent une condensation entre eux et/ou à la surface de la silice par la création de ponts hydrogènes entre hydroxyles. La condensation des silanols provoque la formation d'un réseau de molécules lié à la surface de façon covalente. Les molécules greffées sont polymérisées horizontalement et verticalement, donc, un réseau tridimensionnel de polymères d'organosilanes est formé sur la surface de la silice. La réaction de polymérisation est difficile à contrôler et des couches d'épaisseur variable sont obtenues :

*Condensation à la surface*

Le mécanisme d'hydrolyse-condensation de l'APTES seul a été étudié et comporte les mêmes étapes précédemment citées [70]. Il faut rajouter que, dans le cas des aminosilanes comme l'APTES, la fonction amine contenue dans la chaîne organique peut être un catalyseur [57], autrement-dit, la réaction subit une autocatalyse. La condensation se fait directement, même si les conditions sont complètement anhydres et si la silice n'a pas d'eau adsorbée à sa surface. Les auteurs de ce travail proposent le mécanisme suivant :

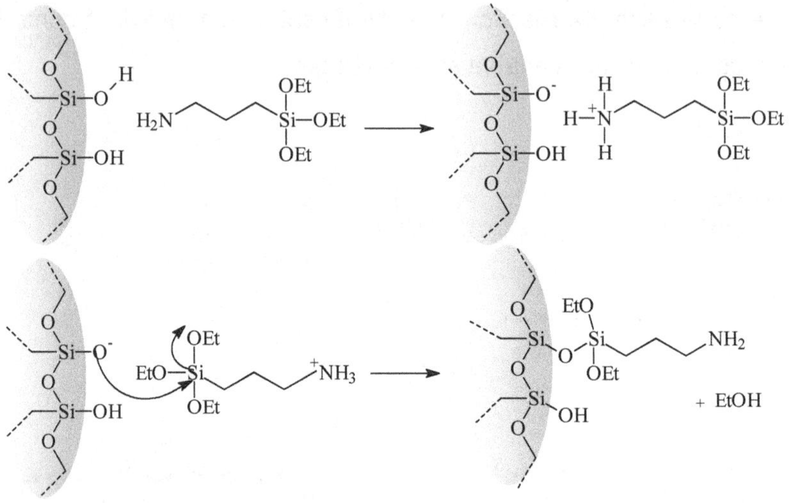

Un organosilane monofonctionnel tel que le 3-aminopropyldiméthyl-éthoxysilane (APDMES) ne peut former qu'une monocouche s'il se greffe à une surface [30] :

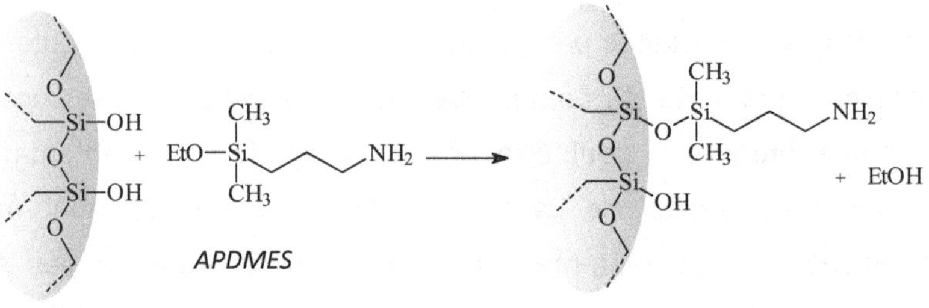

Ce n'est pas le cas pour le greffage de l'APTES, un excès d'agrégats d'APTES est observé sur la surface. Il peut être dû à des chaînes non correctement greffées. Ces agrégats seront ensuite éliminés grâce au rinçage et séchage des surfaces obtenues. Certains auteurs rajoutent une étape finale, après le rinçage et la filtration, qui consiste à porter le solide obtenu au reflux dans le même solvant de réaction. Cette opération sert à renforcer le greffage des ligands par la condensation des groupements OH et EtO qui n'ont pas réagi au cours du premier reflux [58] :

Surface obtenue après le premier traitement au reflux

Surface obtenue après le dernier traitement au reflux

Dans la synthèse de l'Aminopropyl-Silice, on obtient très souvent des espèces greffées via des combinaisons bi- et tri-fonctionnels rigides [59]. L'homogénéité de la surface et la disposition régulière des ligands greffés, sont des paramètres difficiles à contrôler, pour cette raison, les solvants anhydres sont avantageusement utilisés par rapport au milieu aqueux car ils permettent d'obtenir des surfaces beaucoup plus homogènes avec un minimum d'agrégats d'APTES en surface [56].

L'Aminopropyl-Silice peut aussi être synthétisée par une co-condensation en milieu aqueux d'un précurseur de silice TEOS ou TMOS et l'APTES avec un rapport molaire approprié. Ce procédé qui a été déjà cité sous le nom « Sol-gel », est souvent rencontré dans les protocoles de synthèse de l'APS [49, 55, 63] :

43

Cette technique permet d'avoir une disposition homogène des ligands à la surface, une résistance à la solvatation et des propriétés texturales meilleures. Ces propriétés importantes sont directement reliées à la procédure expérimentale de la co-condensation, en d'autre terme, le choix des paramètres expérimentaux tels que le type de catalyseur, les agents auxiliaires qui dirigent la réaction vers l'obtention d'une structure ordonnée.

Ces paramètres ont été étudiés par Kao *et al.* [60], qui ont examiné l'effet de l'agent auxiliaire (le sucrose et le bromure de cetyltriéthylammonium CTEABr) sur les propriétés texturales de l'Aminopropyl-Silice :

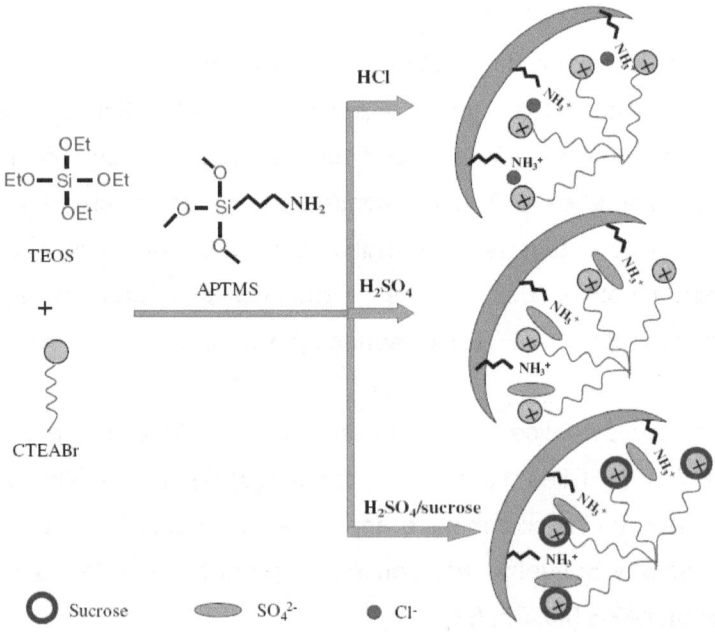

Dans son protocole expérimental de synthèse de l'APS par co-condensation, Zhijian *et al.* [61] ont anticipé la condensation du TEOS seul dans le mélange réactionnel (une pré-hydrolyse du TEOS), après 3,5 heures l'APTES est ensuite additionné au mélange. Cette technique, qui a été rapportée dans les références [60, 77], permet de contrôler la taille et la forme des particules d'APS synthétisées, ainsi que d'autres paramètres structuraux tels que la surface spécifique, la taille et le volume des pores (figure I.17).

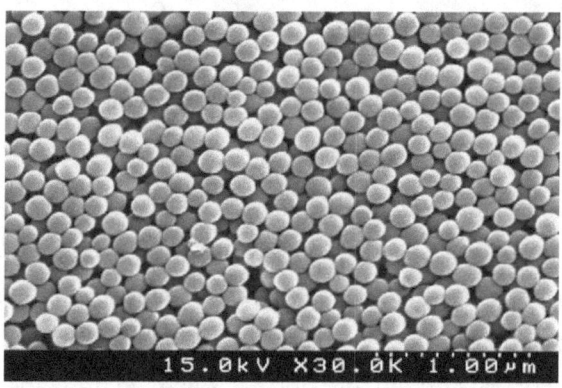

**Figure I.17 : Les particules sphériques d'APS obtenues par co-condensation [61].**

Un autre type d'Aminopropyl-Silice a été synthétisé par co-condensation de l'APTES et 1,2-bis(triméthoxysilyl)éthane BTME [62]. Il présente à la fois les propriétés hydrophobiques du groupement éthylène et les propriétés hydrophiliques de la fonction amine :

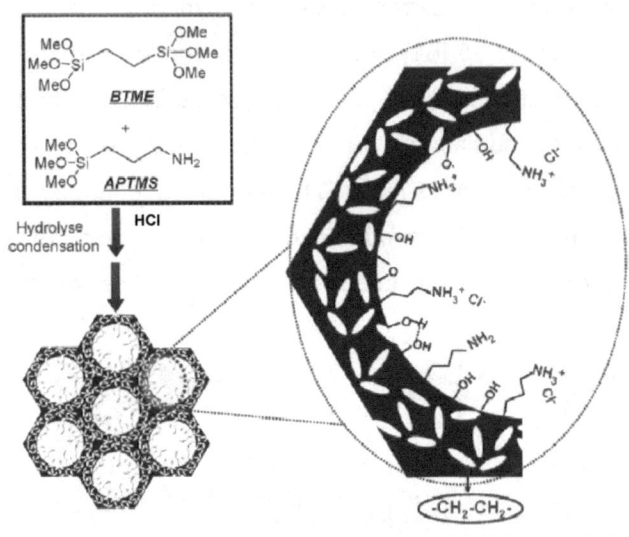

Le taux de greffage est un paramètre très important, il dépend aussi de la procédure de synthèse de l'APS. Très souvent, des taux de greffage élevés sont obtenus par la méthode de co-condensation. S'il s'agit de greffage direct sur la surface du gel de silice, le taux de greffage sera influencé par les paramètres expérimentaux tels que le prétraitement de la surface de la silice, le solvant de la réaction et le temps de chauffage au reflux. Cette conclusion a été tirée après une étude comparative entre les protocoles de synthèse de l'APS rapportés dans la littérature, nous en donnons ci-dessous quelques exemples :

### a) Protocoles de greffage direct en phase hétérogène :

Dans le toluène anhydre, une quantité de 5 g de silice est dispersée et agitée pendant quelques minutes à la température ambiante, l'APTES est ensuite additionné (à différentes concentrations). La suspension est portée au reflux pendant 2 heures. Le solide obtenu est filtré et lavé avec le toluène et en fin séché à basse pression pendant 24 heures. L'APS obtenue est chauffée à 120 °C pendant 12 heures [48].

En modifiant la quantité d'APTES ajoutée au mélange réactionnel (figure I.18), les auteurs de ce travail ont pu obtenir un maximum de taux de greffage égal à 1,7 mmol/g. Dans un excès d'APTES, cette valeur reste constante et le taux de greffage s'avère indépendant de la quantité de ligand ajoutée, à ce stade, il devient directement lié à la quantité de silanol présente à la surface. Dans ce cas, la silice utilisée contient 4,2 mmol de silanol par gramme de solide (valeur mesurée par thermogravimétrie). Le nombre de silanol peut être modifié en changeant le degré d'hydroxylation de la surface du gel de silice, soit en le diminuant par un traitement thermique, qui nécessite des températures élevées (> 200°C condensation des silanols vicinaux et géminés en siloxanes), soit en l'augmentant par la réhydratation de la surface en milieu acide.

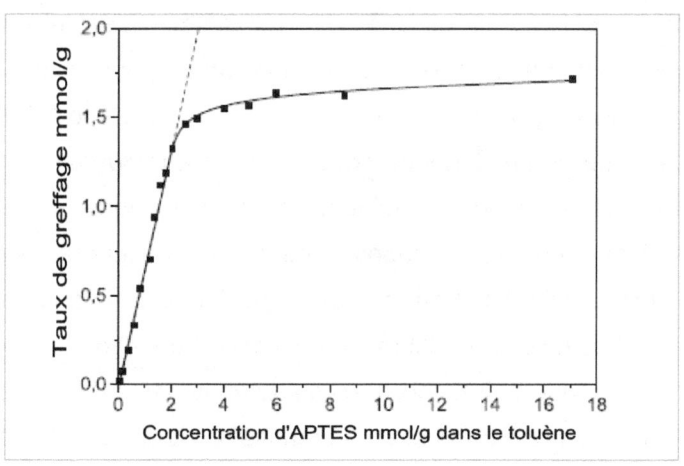

**Figure I.18 : Variation du taux de greffage en fonction de la concentration d'APTES ajoutée.**

Dans un autre protocole [64], une quantité de 2 g de silice a été prétraitée dans 50 ml de toluène au reflux pendant 4 heures, le toluène est distillé et séché sur du sodium au fur et à mesure, cette opération sert à éliminer les molécules d'eau adsorbées par les surfaces de la silice. Ensuite, une quantité de 1 g d'APTES dans 10 ml de toluène est ajoutée à la suspension précédente, le mélange est porté au reflux pendant 4 heures sous agitation. Après l'évaporation totale du solvant, le solide obtenu est lavé avec le dichlorométhane filtré puis séché à température ambiante. Le taux de greffage obtenu est de 2,1 mmol/g. Par comparaison avec le protocole précédent, on peut noter, une amélioration du taux de greffage suite à une augmentation du temps de reflux et à l'opération de prétraitement de la surface hydratée de la silice.

### b) Protocoles de greffage par co-condensation :

Sartori *et al.* [65], ont synthétisé plusieurs échantillons d'APS par co-condensation entre l'APTES et le TEOS. Le méthanol est utilisé comme solvant et une quantité d'eau juste suffisante pour hydrolyser les groupements éthoxy (7 molécules d'eau pour 1 molécule d'APTES et de TEOS), est ajoutée goutte à goutte sous agitation à température ambiante. Lorsque le mélange commence à devenir opalescent, l'agitation est arrêtée, le gel ainsi formé est laissé reposer pendant 20 jours à température ambiante, il sera ensuite finement broyé. 10 grammes de la poudre obtenue sont lavés avec 500 ml d'eau, 200 ml de méthanol, 200 ml d'acétate d'éthyle, 200 ml d'éther éthylique et 200 ml d'hexane. Le matériau est chauffé dans un four à 110 °C pendant 2 heures et en fin tamisé (un tamis de 80 à 120 mesh est utilisé). En modifiant la fraction molaire en APTES dans le mélange réactionnel, le taux de greffage augmente jusqu'à une valeur maximale de

5,34 mmol/g qui correspond à une fraction molaire en APTES égale à 0,56 (tableau I.2).

**Tableau I.2 : La variation du taux de greffage en fonction de la fraction molaire X en APTES.**

| X APTS | TEOS (mmol) | APTES (mmol) | $H_2O$ (mmol) | Méthanol (ml) | Taux de greffage mmol/g |
|--------|-------------|--------------|---------------|---------------|--------------------------|
| 0,1 | 72 | 8 | 312 | 29 | 1,42 |
| 0,2 | 56 | 14 | 266 | 20 | 2,60 |
| 0,3 | 47 | 20 | 248 | 31 | 3,46 |
| 0,4 | 39 | 26 | 234 | 33 | 4,06 |
| 0,5 | 40 | 40 | 280 | 45 | 4,48 |
| 0,56 | 39 | 51 | 309 | 51 | 5,34 |

**Note :**

***3-aminopropyltriéthoxysilane APTES :*** L'APTES, ainsi que de nombreux organosilanes sont commercialement disponibles, leur préparation a été précédemment illustrée (voir I.A.2. Les silices greffées). La synthèse de l'APTES a été rapportée dans la littérature [133] qui décrit l'hydrogénation catalytique du 3-cyanoéthyltriéthoxysilane :

L'APTES (N° CAS 919-30-2) est commercialement disponible sous les références et les caractéristiques mentionnées dans le tableau suivant :

| Références | Caractéristiques |
|------------|------------------|
| (3-Aminopropyl)triéthoxysilane, ≥98% A3648 Sigma-Aldrich | Etat physique : liquide Point d'ébullition = 223 °C Point de fusion = - 70 °C |
| (3-Aminopropyl)triéthoxysilane purum, 98.0% (GC) 09324 Fluka | Indice de réfraction, n20/D = 1.422 Densité = 0,95 à 25 °C Tension de vapeur = 0,02 hPa à 20 °C |
| (3-Aminopropyl)triéthoxysilane, 99% 440140 Aldrich | Solubilité dans l'eau = 760 g/l à 25 °C (hydrolysable) |

(Les références ont été prises du site-web : www.sigma-aldrich.com)

## I.B.1.2 - Analyse spectroscopique de l'APS

Plusieurs techniques spectroscopiques servent à caractériser la surface et le squelette interne de l'Aminopropyl-Silice. Il s'agit de l'infrarouge à transformée de Fourier (FT-IR) qui donne pas mal d'informations basiques sur les différents types de liaisons organiques et inorganiques présentes dans l'APS, de la RMN à l'état solide du carbone $^{13}$C et du silicium $^{29}$Si qui sont utilisées pour prouver et mettre en évidence la présence des chaines organiques aminopropyle liées à la surface ainsi que les différents types de silanols existants. D'autres techniques ont été utilisées comme la DRX, l'analyse élémentaire (CHNO), l'ATG et l'ATD.

*a) Analyse en FT-IR :* En étudiant les silices greffées (APS et CPS), Foschiera *et al.* [66], ont analysé l'Aminopropyl-Silice par FT-IR en utilisant une cellule spécifique, qui a été construite spécialement pour cette étude. Elle comporte deux parties, un four composé d'un filament électrique placé sur les parois externes de la cellule, l'autre partie est constituée de deux fenêtres KBr pour la présentation de l'échantillon à l'infrarouge au moyen d'un bras mobile. Les deux parties sont assemblées. L'échantillon peut être chauffé dans le four ensuite déplacé vers la région dans laquelle le faisceau infrarouge passe. Il faut noter que l'échantillon ne doit pas être exposé à l'environnement extérieur. La cellule est représentée dans la figure suivante :

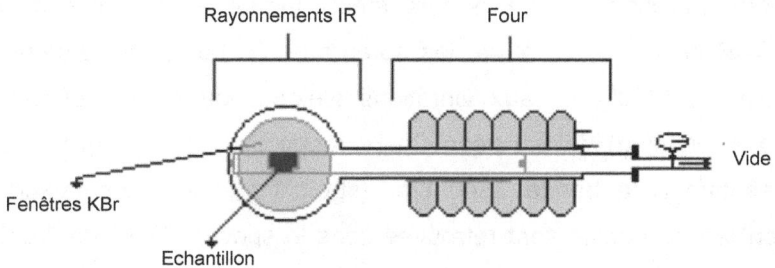

**Figure I.19 : Cellule construite pour analyser l'APS en FT-IR [66].**

Des disques d'APS d'une superficie de 5 cm$^2$ et d'un poids de 50 mg ont été préparés pour l'analyse. La cellule décrite ci-dessus est reliée à une pompe à vide, le système est maintenu pendant 1 heure sous une pression inférieure à 10$^{-2}$ Pa, à plusieurs températures. Les spectres sont obtenus à la température ambiante, après 100 scans, avec une résolution de 4 cm$^{-1}$ dans un équipement du type Bomem MB-102 FTIR. Le spectre FT-IR est représenté dans la figure I.20.

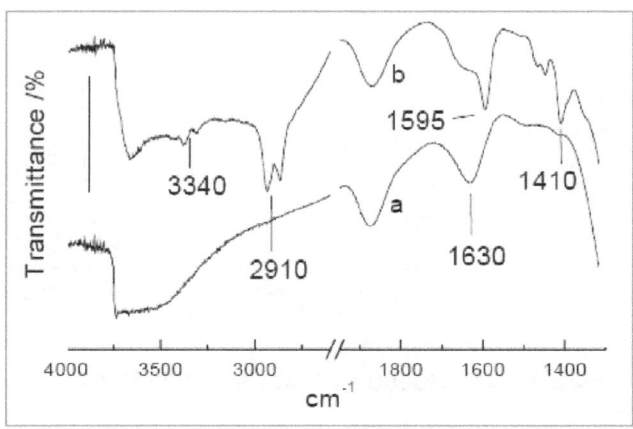

**Figure I.20 : Spectres FT-IR obtenus à température ambiante des échantillons chauffés sous vide à 200 °C pendant 1 heure. a) Gel de silice pur, b) APS.**

On note la présence des pics caractéristiques de la silice pure dans le spectre FT-IR de l'APS, en outre, les auteurs de ce travail ont attribué les pics à 2910 et 1410 cm$^{-1}$ aux vibrations d'élongation et de déformation (stretching et bending) de la liaison C—H, respectivement. Le groupement NH$_2$ correspond à la bande 3340 cm$^{-1}$ (stretching). Ces pics relatifs au groupement aminopropyle sont retrouvés dans le spectre FT-IR de l'APTES (figure I.21), le tableau I.3 représente une comparaison entre les valeurs des pics caractéristiques de l'APS et l'APTES.

**Tableau I.3 : Comparaison entre les pics caractéristiques de l'APS et l'APTES en FT-IR.**

| Composé | Les pics caractéristiques en FT-IR (cm$^{-1}$) |
|---------|------------------------------------------------|
| APTES | 1410, 1450, 1575, 1600, 2850, 2940, 3350 |
| APS | 1410, 1450, 1595, 2860, 2910, 3340 |

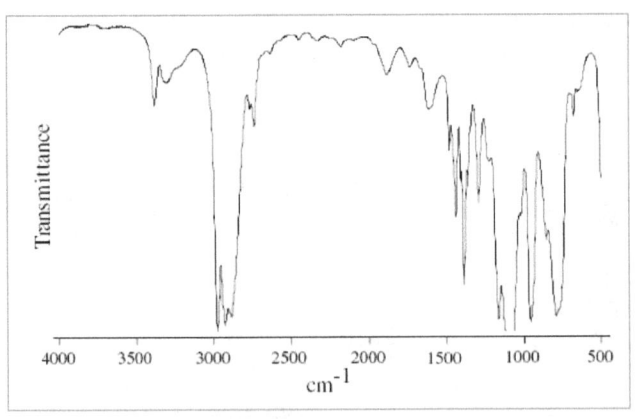

**Figure I.21 : Spectre FT-IR de l'APTES [67].**

Des spectres FT-IR semblables avec des valeurs de pics comparables ont été rapportés dans la littérature sur l'APS. Kovalchuk *et al.* [68], expliquent que le déplacement des valeurs des pics propres aux groupements NH₂ dans l'aminopropane (CH₃CH₂CH₂NH₂), qui sont 3368 cm⁻¹ (ν N—H sym) et 3229 cm⁻¹ (ν N—H asym), vers 3370 cm⁻¹ (ν N–H sym) et 3310 cm⁻¹ (ν N–H asym) dans le cas de l'APS, est dû à l'existence de liaisons hydrogènes entre les groupements NH₂ et les silanols résiduels présents à la surface. Ils ont aussi attribué les pics vers 3743 cm⁻¹ et 3615 cm⁻¹ aux silanols isolés et vicinaux respectivement. Ces perturbations apparues dans la région entre 2200 et 3400 cm⁻¹ du spectre FT-IR (figure I.22) sont dues selon certains auteurs [55, 65] aux interactions entre les silanols (Si—OH) et les groupements amine (NH₂). Dans ce cas, les silanols agissent comme un donneur de proton et les amines comme un accepteur à l'aide du doublet électronique libre porté par l'atome d'azote, ces interactions peuvent être intramoléculaires ou intermoléculaires (figure I.23).

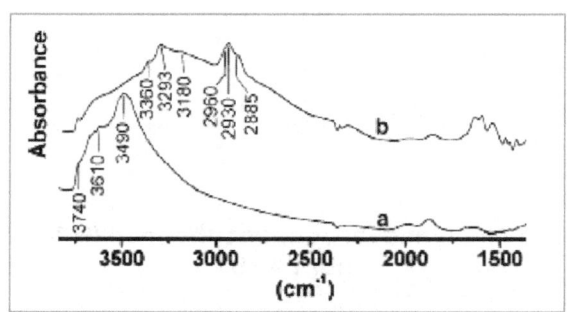

**Figure I.22 : Spectre FT-IR de a) SiO₂ b) APS [65].**

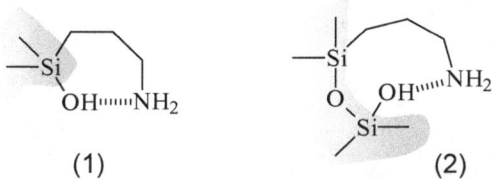

(1)                    (2)

**Figure I.23 : Les interactions intramoléculaires (1) et intermoléculaires (2) entre les groupements amines et silanols Si—O—H- - - ->NH₂—Si.**

D'après des analyses en FT-IR d'une Aminopropyl-Silice synthétisée par Bois *et al.* [69], les pics vers 3450 et 3250 cm$^{-1}$ peuvent expliquer la présence des groupements amine primaire NH$_2$ et leurs sels correspondants NH$_3^+$ issus d'une réaction acido-basique équilibrée entre un groupement amine et un silanol (rappelons que les silanols présentent un caractère acide plus fort que celui des alcools). D'autres pics observés à 1630, 1600 et 1550 cm$^{-1}$ représentent les bandes de vibration de déformation de H$_2$O (adsorbée), NH$_2$ et NH$_3^+$ respectivement. Ainsi, la bande de vibration de déformation à 1560 cm$^{-1}$ (bending) est attribuée au groupement NH$_3^+$ qui résulte de l'immobilisation de l'acide molybdovanadophosphorique (H$_4$V$_2$PA) sur l'APS [64] (figure I.24 et I.25).

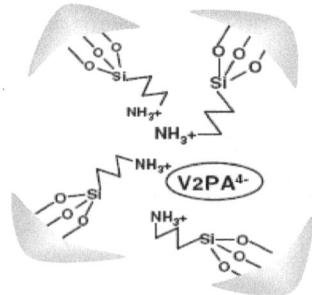

**Figure I.24 : Acide molybdovanadophosphorique (H$_4$V$_2$PA) immobilisé sur l'APS.**

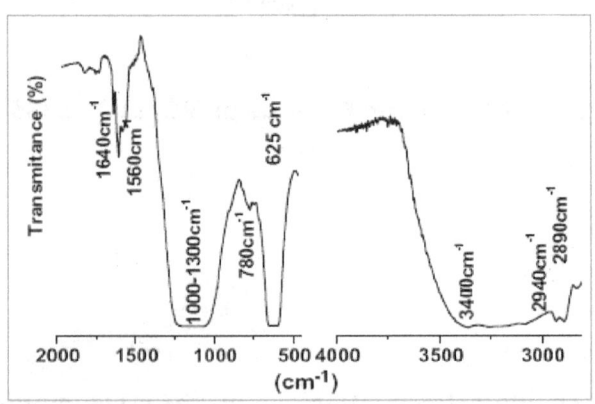

**Figure I.25 : Spectre FT-IR de l'APS—H$_4$V$_2$PA [64].**

Les deux bandes 2947 cm$^{-1}$ et 1384 cm$^{-1}$ peuvent être attribuées aux vibrations d'élongation et de déformation de la liaison Si—CH$_2$, respectivement (figure I.26), ainsi on peut noter la vibration d'élongation (stretching) de la liaison N—C dans la région entre 1000 et 1200 cm$^{-1}$ [63].

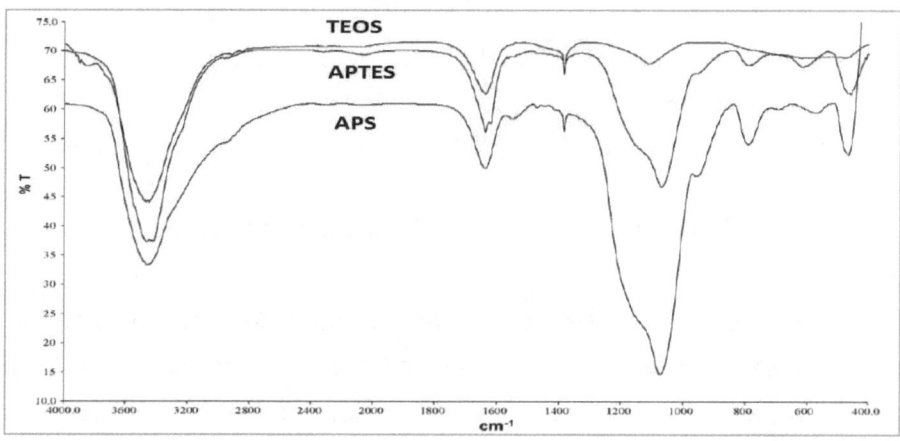

**Figure I.26 : Spectre FT-IR de l'APS, l'APTES et TEOS [63].**

***b) RMN à l'état solide*** $^{29}$***Si et*** $^{13}$***C :*** Ces deux techniques jouent un rôle très important dans la caractérisation des différentes espèces présentes à la surface de l'APS. En général, la surface de l'APS contient les groupements silanol, siloxane et aminopropyle. Le spectre RMN $^{29}$Si (figure I.27) montre l'existence du silicium sous différentes coordinations. Les déplacements chimiques **Q$^n$** (n = 2, 3, 4) correspondent aux atomes de silicium qui se trouvent dans l'enchainement **Si**(OSi)$_n$(OH)$_{4-n}$ et T$^m$ (m = 1, 2, 3) correspondent aux atomes de silicium qui se trouvent dans l'enchainement NH$_2$(CH$_2$)$_3$—**Si**(OSi)$_m$(OH)$_{3-m}$ [71].

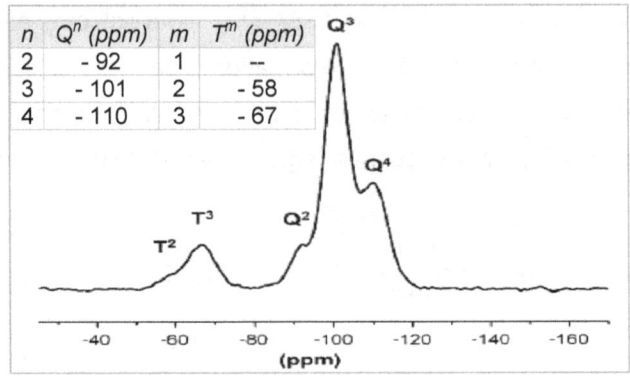

| n | $Q^n$ (ppm) | m | $T^m$ (ppm) |
|---|---|---|---|
| 2 | - 92 | 1 | -- |
| 3 | - 101 | 2 | - 58 |
| 4 | - 110 | 3 | - 67 |

**Figure I.27 : RMN $^{29}$Si à l'état solide de l'APS.**

Le spectre RMN $^{13}$C représenté dans la figure I.28, met en évidence la présence des différents atomes de carbone qui constituent la chaine aminopropyle et dont les déplacements chimiques sont : $\delta^1$ = 8,1 ppm, $\delta^2$ = 23,7 ppm et $\delta^3$ = 42.4 ppm [71].

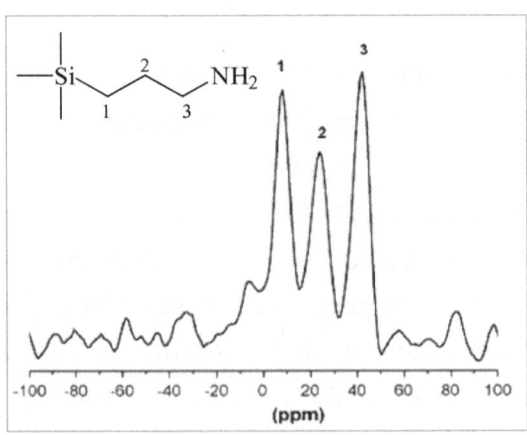

**Figure I.28 : RMN $^{13}$C à l'état solide de l'APS.**

D'autres pics caractéristiques en RMN $^{29}$Si et $^{13}$C peuvent être observés et qui signifient la présence d'autres formes d'espèces à la surface de l'APS. D'après une étude approfondie menée sur la synthèse de l'APS par greffage de l'APTES gazeux à la surface d'une silice chauffée à haute température suivi par RMN $^{29}$Si et $^{13}$C (figure I.29 et I.30) [72], les auteurs de ce travail ont mis en évidence la présence des atomes de silicium et de carbone dans d'autres enchainements représentés comme suit :

Le tableau suivant représente les déplacements chimiques correspondants :

**Tableau I.4 : Les déplacements chimiques des différents enchainements de l'atome de silicium présent dans l'APS.**

| | δ (ppm) | Interprétation |
|---|---|---|
| 1 | - 53 | Enchainement T$^1$ relatif à la combinaison |
| 2 | - 53 | monofonctionnelle du groupement aminopropyle |
| 3 | - 49 à - 50 | avec des éthoxy non hydrolysés ou silanols. |
| 4 | - 59 | Enchainement T$^2$ relatif à la combinaison |
| 5 | - 59 | bifonctionnelle du groupement aminopropyle avec des éthoxy non hydrolysés ou silanols. |
| 6 | - 67 | Enchainement T$^3$ relatif à la combinaison trifonctionnelle. |
| 7 | - 109 | Enchainement Q$^4$ relatif aux groupements siloxanes internes. |

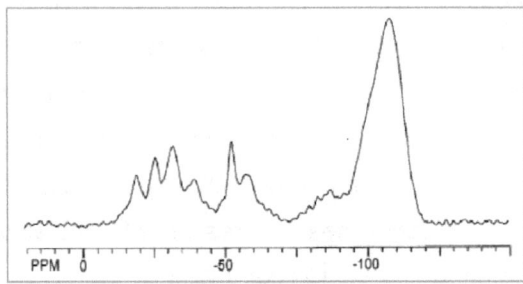

**Figure I.29 : RMN $^{29}$Si d'une APS synthétisée à la température de 300 °C par greffage de l'APTES à l'état gaz sur la silice.**

Ainsi, l'existence d'autres espèces issues de plusieurs réactions indésirables entre l'APTES et la silice a été prouvé et représenté par les formes suivantes :

a) - 80 à - 90 ppm    b) - 40 ppm    c) -33 ppm

d) - 26 ppm    e) - 29 ppm

On peut aussi différencier les pics caractéristiques des groupements éthoxy non hydrolysés dans le spectre RMN $^{13}$C (figure I.30).

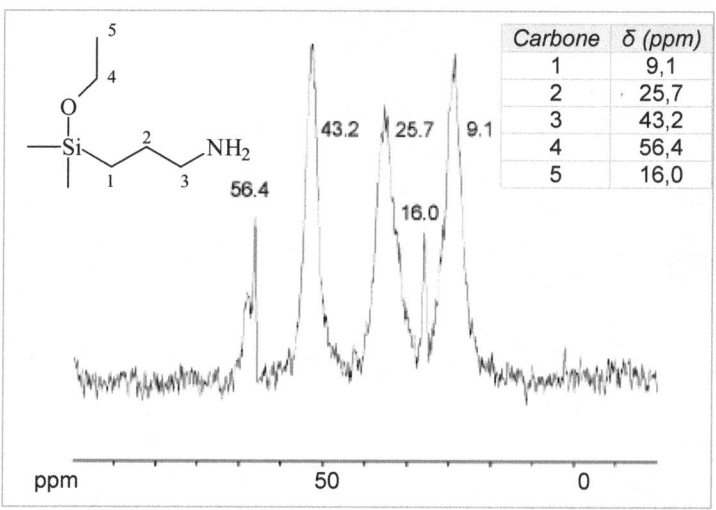

**Figure I.30 : RMN $^{13}$C d'une APS synthétisée à la température de 300 °C par greffage de l'APTES à l'état gaz sur la silice.**

Les mêmes auteurs [72], ont rapporté une autre étude sur la synthèse de l'APS avec une densité de ligand aminopropyle élevée [73], où ils ont pu montrer, à l'aide de la RMN $^{13}$C, que la disparition des pics propres au groupement éthoxy résulte de l'hydrolyse totale de ce dernier après un traitement aqueux à des températures élevées (figure I.31).

La diffraction par rayons X indique que le greffage de ligand aminopropyle sur la silice n'implique aucune perturbation au niveau de la structure tridimensionnelle interne de la silice, elle reste conservée même si la densité de ligand est trop élevée à la surface [60].

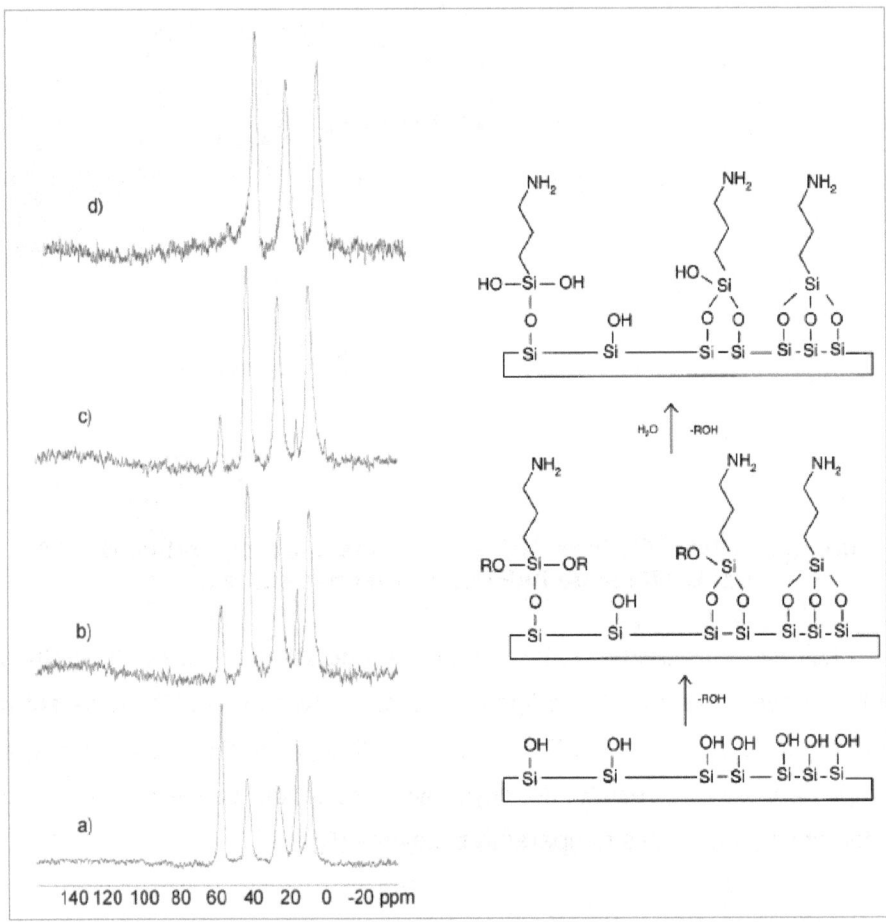

**Figure I.31 : a) RMN $^{13}$C d'une APS synthétisée à la température de 450 °C par greffage de l'APTES à l'état gaz sur la silice, b) après un traitement aqueux à 150 °C, c) à 200 °C, d) à 250 °C.**

### I.B.1.3 - Structure et propriétés de l'APS

**a) Structure :** Les informations apportées par l'analyse spectroscopique, permettent d'établir la structure moléculaire de l'Aminopropyl-Silice. Ainsi, la structure microscopique des particules d'APS peut être observée à l'aide d'un microscope électronique. En général, les particules d'APS obtenues par la méthode de co-condensation, sont sphérique de taille comprise entre 50 et 200 nm [61, 63, 75] (figure I.32).

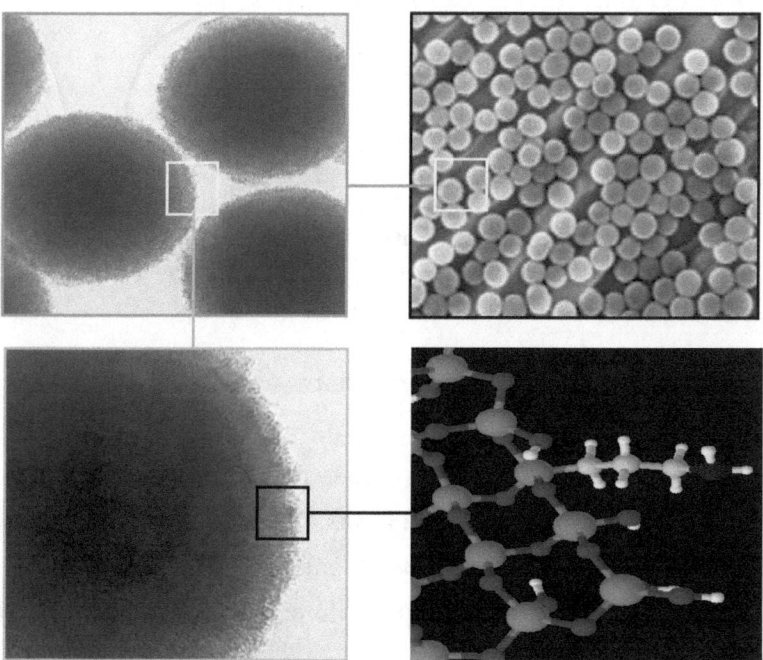

**Figure I.32 : Image par microscope électronique des particules d'APS synthétisées par co-condensation [75].**

Une analyse thermique ATG/ATD effectuée sur un échantillon d'APS, qui contient 1.6 mmol d'APTES greffé par gramme de solide, montre que ce type de matériau est stable jusqu'à 500 °C. Le courbe ATG représenté dans la figure I.33, indique une perte de masse initiale en-dessous de 220 °C liée à l'eau adsorbée sur la surface ainsi que les molécules d'éthanol piégées lors de la synthèse. Au-delà de 220 °C et jusqu'à 900 °C, on note une perte de masse attribuée à la matière organique qui représente le ligand greffé (aminopropyle) [63]. Ces différentes pertes de masse correspondent aux pics endothermiques observés sur la courbe ATD.

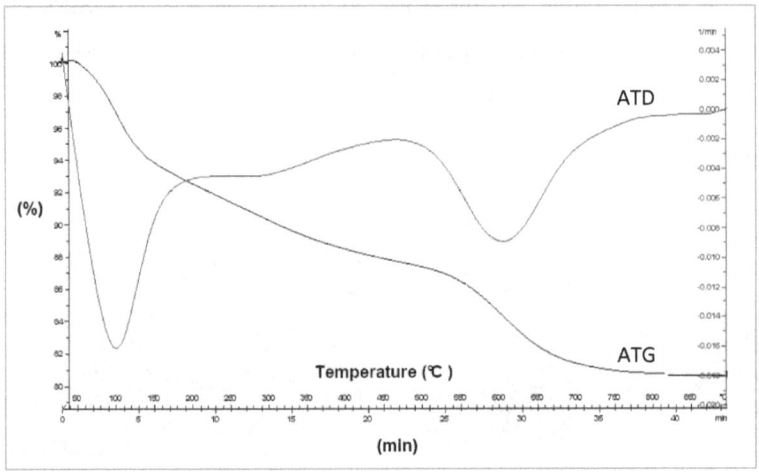

**Figure I.33 : Analyse thermogravimétrique ATG/ATD de l'APS.**

L'analyse élémentaire CHNO est utilisée pour la détermination exacte du taux de greffage qui peut être calculé à partir du pourcentage d'azote (ou de carbone). L'échantillon d'APS précédemment mentionné contient 7,95 % C, 1,87 % H et 2,24 % N, on trouve un taux de greffage de 1,6 mmol/g calculé par rapport au pourcentage d'azote.

**b) Propriétés :** Le greffage d'un organosilane $(R'O)_3Si$—R sur une surface d'une silice poreuse entraine une modification considérable des propriétés de celle-ci, notamment les paramètres structuraux qui sont : la surface spécifique, la taille et le volume des pores ainsi que sa réactivité chimique qui est désormais reliée au groupement organique greffé R (en plus des silanols résiduels). Rongjun *et al.* [76], ont étudié l'adsorption de l'azote $N_2$ (à - 196 °C) par l'APS ainsi que d'autres silices greffées préparées suivant la méthode de greffage direct en phase hétérogène. Par comparaison avec l'isotherme d'adsorption de la silice utilisée pour le processus de greffage (figure I.34), ils ont expliqué que la diminution de la surface spécifique ainsi que la taille et le volume des pores (tableau I.5), pourrait être due aux obstacles stériques provoqués par les groupements organiques greffés qui empêchent la diffusion de l'azote à l'intérieure de la structure de la silice.

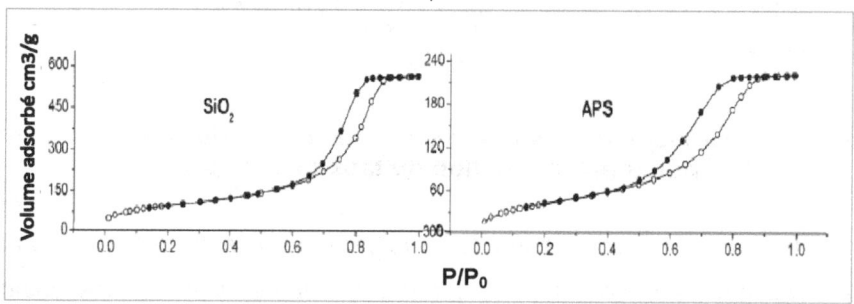

**Figure I.34 : Isotherme d'adsorption de l'azote $N_2$ à -196 °C par SiO$_2$ et APS.**

**Tableau I.5 : Comparaison entre les paramètres structuraux de la silice et de l'APS.**

| Echantillon | Surface spécifique $(m^2/g)$ | Volume total des pores $(cm^3/g)$ | Diamètre moyen des pores (nm) |
|---|---|---|---|
| $SiO_2$ | 349,37 | 0,88 | 7,85 |
| APS | 281,45 | 0,70 | 6,89 |

Dans une étude précédemment citée [65], il a été prouvé que le taux de greffage a une influence remarquable sur les paramètres structuraux de l'APS. La figure suivante représente la variation de la surface spécifique et du volume total des pores en fonction du taux de greffage :

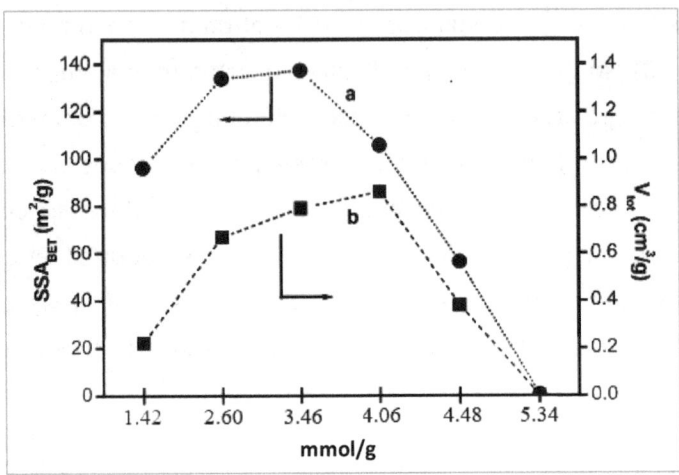

**Figure I.35 : Variation de la surface spécifique (a) et du volume total des pores (b) en fonction du taux de greffage.**

L'affinité de l'APS pour l'eau à la température ambiante reste comparable à celle du gel de silice pur. Les silanols résiduels ainsi que les chaines hydrophiliques aminopropyle permettent de fixer un grand nombre de molécules d'eau par l'intermédiaire des ponts hydrogène [78]. Cette eau adsorbée peut être éliminée par élévation de température (100 à 150 °C) ou à l'aide d'un solvant déshydratant.

Les propriétés des silices greffées dépendent de la nature du ligand immobilisé en surface. Ainsi, en étudiant la réactivité et la stabilité de l'Aminopropyl-Silice, Etienne et Walcarius [48], ont montré qu'à la surface du solide environ 60 % des aminopropyles restent libres avec de probable liaisons hydrogènes entretenues avec les groupements silanol environnants les 40 % restants réagissent sur les silanols adjacents en conduisant à la formation de zwitterions comme le montre la figure I.36.

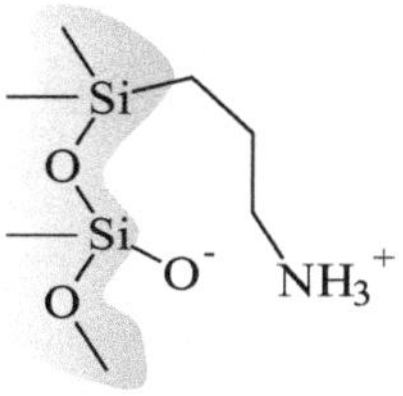

**Figure I.36 : Formation de zwitterion.**

Par suspension de l'APS dans l'eau, des espèces sous forme d'aminopropylsilanes passent en solution jusqu'à atteindre un maximum de 67 % de la quantité greffée (figure I.37). Cette valeur proche de la quantité d'aminopropyle libre à la surface de l'APS a amené les auteurs à tirer les conclusions suivantes : l'hydrolyse conduit à la dégradation de l'APS, la forme zwitterionique **(A)** est plus stable en solution aqueuse [48] :

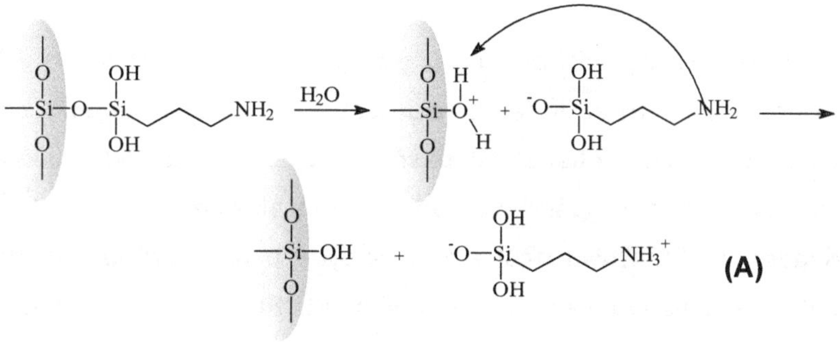

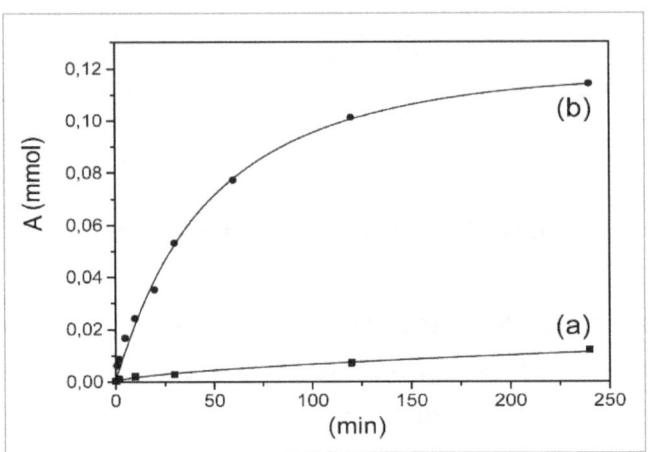

**Figure I.37 : Influence du solvant sur la dégradation de l'APS. Variation de la concentration de A qui passe en solution (a) éthanol (b) eau en fonction du temps.**

*Condition : 0,1 g d'APS (1,7 mmol/g d'APTES greffé) suspendue dans 50 ml de solvant.*

La stabilité des ligands aminopropyle greffés à la surface de l'APS, dépend fortement du pH et du temps d'utilisation en milieu aqueux. L'emploi de ce type de silices greffées est basé sur certaines considérations, en particulier, les conditions opératoires doivent être ajustées de façon à éviter la dégradation de l'APS qui peut être employée dans un milieu neutre ou faiblement alcalin pendant un temps très court. Par contre, elle peut être utilisée dans des conditions fortement acides sous sa forme protonée pendant un temps assez long (plusieurs jours). La stabilité chimique de l'APS se trouve beaucoup plus améliorée dans les solvants organiques (éthanol, éther, dichlorométhane, ...) [48].

Le groupement aminopropyle greffé à la surface se comporte typiquement comme une fonction amine primaire et peut donc être transformé en plusieurs autres fonctions, comme par exemple une amidification par les chlorures d'acyles ou les anhydrides d'acide. Les esters peuvent aussi réagir mais très lentement :

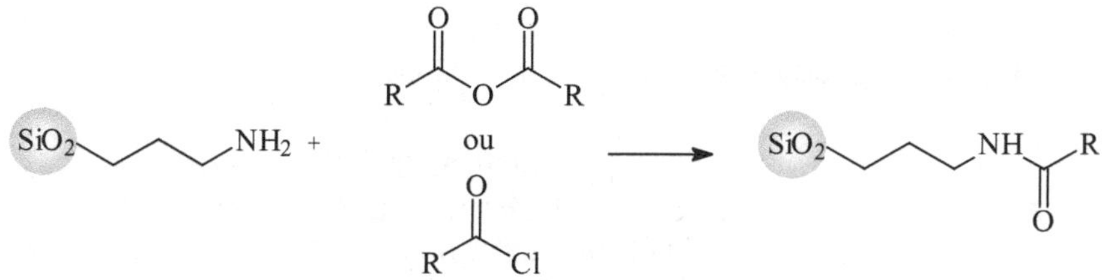

Les aldéhydes et cétones réagissent aussi bien sur la fonction amine menant à des imines aliphatiques ou aromatiques, ces dernières sont beaucoup plus stabilisées par résonance :

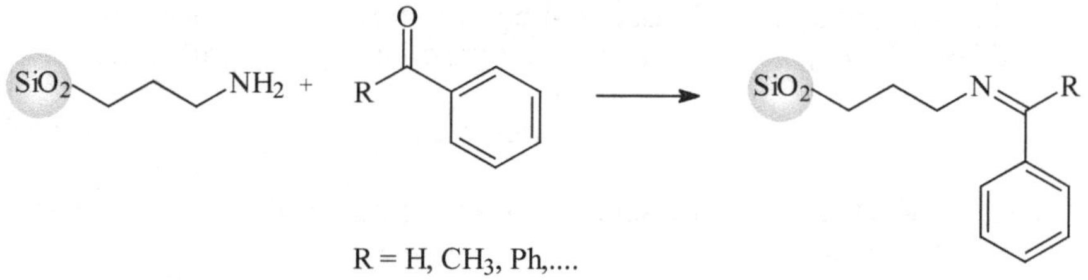

$$R = H, CH_3, Ph,....$$

Autres réactions typiques de la fonction amine : la substitution nucléophile avec les halogénures, la formation d'ion diazonium (couplage azoïque), l'oxydation et la formation des complexes avec des ions métalliques [32, 79]. Ainsi, l'immobilisation des enzymes peut se faire par l'intermédiaire de molécules spécifiques greffées sur l'APS [88].

### *I.B.1.4 - Application de l'APS*

L'Aminopropyl-Silice est actuellement commercialisée sous le nom : **Aminopropyl silica gel** (synonyme = Aminopropyl silanised silica gel, Silica gel NH₂). Cette poudre, d'une couleur blanche jaunâtre, est utilisée dans différents domaines, notamment la chromatographie liquide, la catalyse basique hétérogène et l'extraction des ions métalliques toxiques. Le tableau I.6 regroupe quelques types d'APS commerciale et leur utilité en chimie :

**Tableau I.6 : Aminopropyl-Silices commerciales.**

| Référence | Applications | Propriétés |
|---|---|---|
| 3-Aminopropyl-functionalized silica gel (364258 - Aldrich) | Phase stationnaire pour la chromatographie liquide. Catalyseur hétérogène pour la réaction de Knoevenagel. | 1 mmol/g NH$_2$ Surface spécifique 550 m$^2$/g. Taille des pores 60 A° Particules irrégulière d'une taille de 40 - 63 μm. |
| Aminopropyl silica gel (09297 - Fluka) | Phase stationnaire pour la chromatographie liquide. Echangeur d'ion. | Taille des particules 15 - 35 μm. Taille des pores 9 nm. |
| Aminopropyl silica gel (09298 – Fluka) | Phase stationnaire pour la chromatographie liquide. | 0,9 mmol/g NH$_2$ Taille des particules 40 - 63 μm. Taille des pores 9 nm. |

(Les références ont été prises du site-web : www.sigma-aldrich.com)

*a) Chromatographie :* Nous nous intéressons essentiellement à la chromatographie liquide de haute performance HPLC où l'Aminopropyl-Silice est employée comme une phase stationnaire dans les colonnes HPLC dites « NH$_2$ » (L8 dans la pharmacopée américaine).

Par son caractère accepteur de proton, cette phase aminée retient plus longtemps les molécules acides que celles qui sont basiques, par exemple les phénols sont élués après les anilines dans différentes phases mobiles

(CHCl$_3$, MTBE). Ainsi, elle présente une rétention meilleure des échantillons acides par comparaison avec les phases cyanopropyl CN, diol ou la silice pure. Les alcools, les phénols et les stéroïdes phénoliques sont préférentiellement analysés sur la colonne NH$_2$ avec un mélange de pentane et du diéthyle éther comme phase mobile. En outre, les hydrocarbures saturés, insaturés et aromatiques ont été séparés sur la colonne NH$_2$ mais, non pas sur la silice pure, cela permet de mettre en évidence l'influence des groupements aminopropyle greffés dans le processus de séparation. Les molécules basiques comme : les amines, les éthers, les esters et les carbonyles peuvent aussi être séparées, néanmoins, dans l'analyse des carbonyles (aldéhydes et cétones), la colonne NH$_2$ doit être manipulée avec précaution tout en évitant une éventuelle formation d'imines entre les carbonyles et les groupements amine de l'APS [80].

La rétention des molécules par la phase Aminopropyl-Silice est basée sur les différents types d'interactions hydrophiliques polaires qui sont, les ponts hydrogènes, les interactions ioniques faibles (échange ionique), ainsi les groupements aminopropyle présentent un caractère hydrophobique faible vis-à-vis des molécules apolaires [81, 123].

Il existe une variété de colonnes NH$_2$ qui sont commercialement disponibles sous plusieurs dimensions (tableau I.7). En générale, les colonnes NH$_2$ sont employées dans un domaine de pH entre 2 et 8, la température maximale d'utilisation est de 80 °C. L'activité des silanols est très élevée car ces colonnes ne sont pas « end-capped ».

**Tableau I.7 : Les colonnes NH$_2$ commerciales.**

| Référence | Longueur (mm) | Diamètre interne (mm) | Surface spécifique (m$^2$/g) | Taux de carbone (%) |
|---|---|---|---|---|
| Waters Spherisorb NH$_2$ (PSS845300) | 125 | 4 | 220 | 1,9 |
| YMC NH$_2$ (NH12S052546WT) | 250 | 4,6 | 300 | 3 |
| µBondapak NH$_2$ (WAT084178) | 300 | 7,8 | 330 | 4 |

(Les références ont été prises du site-web : www.waters.com)

Plusieurs méthodes d'analyse en HPLC ont été validées en utilisant la phase Aminopropyl-Silice (colonne NH$_2$) notamment dans la séparation et la caractérisation des molécules bio-organiques. Monaci *et al.* [82], ont rapporté une nouvelle méthode d'analyse en HPLC de l'acide cyclopiazonique (CPA) présent dans les extraits de moisissure (*Penicillium* et *Aspergillus*). La phase stationnaire Aminopropyl-Silice (colonne Supelcosil LC-NH$_2$) a été utilisée avec CH$_3$CN/50 mM CH$_3$COONH$_4$ (80:20 en volume) comme phase mobile. La rétention du CPA sur l'Aminopropyl-Silice en milieu acide (pH = 5 protonation des groupements amine et déportonation du CPA) se fait par un mécanisme d'échange d'ion. En plus, il peut exister des interactions hydrophobiques (apolaire) entre les ligands aminopropyle et le squelette carboné du CPA. Autres interactions hydrophiliques entre les groupements polaires du CPA et les silanols, sont également possibles et deviennent importantes quand la polarité de la phase mobile diminue (figure I.38).

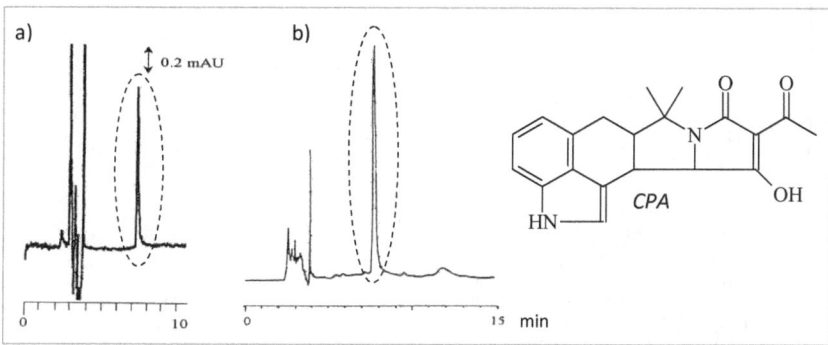

**Figure I.38 : a) Chromatogramme de la solution étalon (1 mg CPA dans 1 ml de méthanol), b) Chromatogramme du CPA dans l'extrait de moisissure.**

L'analyse des sucres se fait en générale sur une colonne NH₂, la méthode d'analyse en HPLC a été décrite dans la littérature [83, 84]. Les monosaccharides, les disaccharides et les oligosaccharides présents dans les céréales ont été analysés sur une colonne du type Waters µBondapack $NH_2$/carbohydrate (3,9 x 300 mm) en mode isocratique ($CH_3CN/H_2O$ 80:20 en volume - débit : 0,9 ml/min) avec un détecteur à indice de réfraction RID, les chromatogrammes sont représentés comme suit :

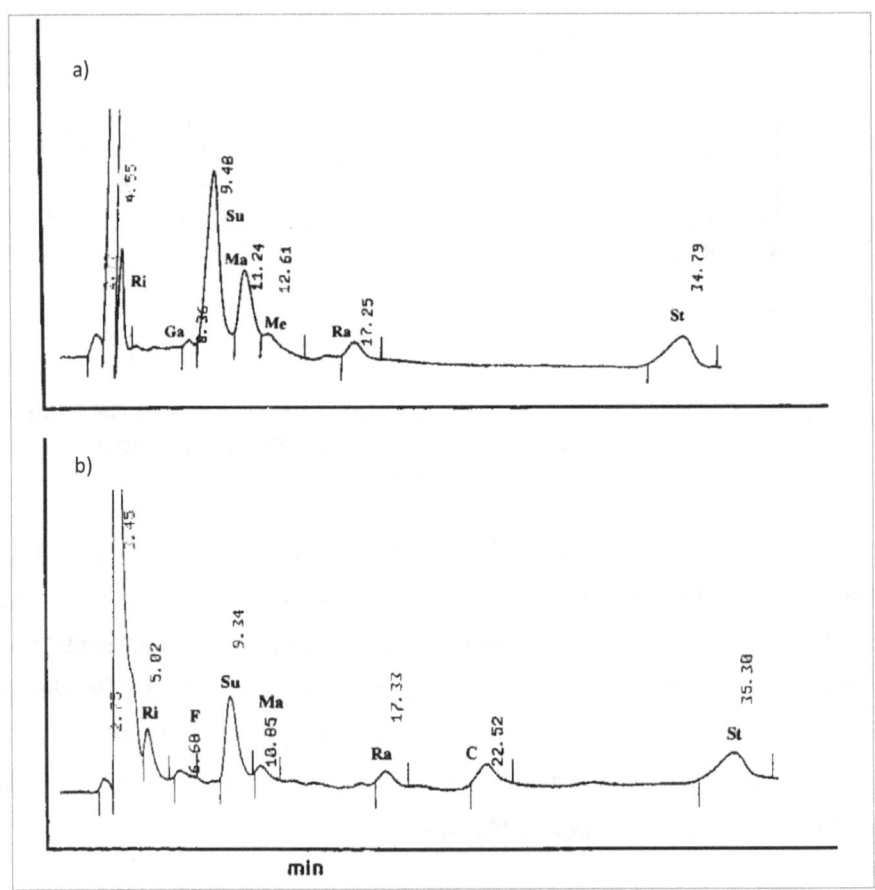

**Figure I.39 : Chromatogramme de séparation des sucres présents dans : a) haricot, b) lentilles [83].**
Ri : ribose, F : fructose; Gl : glucose, Ga : galactose,
Su : sucrose, Ma : maltose, Ra : raffinose, Me : Melibiose, C : ciceritol; St : stachyose.

Autres molécules bio-organiques ont été analysées sur les colonnes NH₂, nous tenons à souligner quelques unes citées dans la littérature : les aminoacides, les acides carboxyliques [84], les antibiotiques tetracycliques [85] et les peptides [86].

Nous avons précédemment mentionné que l'Aminopropyl-Silice peut être modifiée par greffage chimique de molécules cibles sur les têtes amines (voir I.B.1.3.a). Cette technique a été largement employée en chromatographie pour la synthèse de nouvelles phases stationnaires à partir de l'Aminopropyl-Silice. Les phases obtenues possèdent des propriétés spécifiques, notamment, leur comportement chromatographique différent par rapport à celui de l'APS. À ce propos, nous citons ainsi quelques travaux sur la modification chimique de la phase APS :

- Greffage de l'acide (+)-(18-Crown-6)-2, 3, 11, 12-tetracarboxylique sur l'APS et l'utilisation de la nouvelle phase obtenue dans la séparation chirale [50] :

- Modification de l'APS par greffage de Cu(II)-phthalocyanine tétrachlorure de sulfonyl (Cu-PCSCl). Cette phase présente des performances dans la séparation des molécules aromatiques et polyaromatiques [87] :

Mis à part la chromatographie, l'APS présente une importante application environnementale, notamment, dans la récupération, la séparation et la pré-concentration d'ions métalliques toxiques [49, 89], l'adsorption du dioxyde de carbone [90] et les surfactants anioniques [91] qui présentent aussi un danger de pollution des eaux.

**b) Catalyse :** L'Aminopropyl-Silice est également très utilisée en catalyse hétérogène de diverses réactions chimiques telles que la nitroaldolisation [92, 93, 65], la synthèse des flavonoids [94, 95, 55] et notamment la condensation des carbonyles avec les méthylènes actifs connue sous le nom de la réaction de Knoevenagel (voir I.B.2. Réaction de Knoevenagel). En général ces réactions nécessitent une catalyse basique et dans ce cas, l'APS peut servir comme catalyseur basique hétérogène.

**Nitroaldilisation** [93]

**Synthèse des flavonoids** [94]

Le grand nombre d'investigations traitant l'effet catalytique de l'Aminopropyl-Silice sur la condensation de Knoevenagel [53, 32, 96 - 99], prouve, si besoin est, que ce matériau présente une efficacité catalytique considérable avec des rendements assez élevés (entre 85 et 99 %). En plus, la possibilité de recyclage et de réutilisation de ce catalyseur a été décrite:

**Réaction de Knoevenagel** [98]

L'Activité catalytique de l'APS dans ce genre de réaction, est principalement reliée aux aminopropyles greffés à la surface, ces groupements entrent en interaction chimique avec les réactifs du départ (carbonyles et méthylènes actifs) pour former des intermédiaires plus actifs qui vont par la suite conduire à la formation du produit de condensation avec une élimination d'une molécule d'eau. Nous donnerons dans ce qui suit l'essentiel des études qui traitent de la réaction de Knoevenagel catalysée par l'APS avec les différents mécanismes proposés.

## I.B.2 - Réaction de Knoevenagel

**Heinrich Emil Albert Knoevenagel**, (né le 18 juin 1865 à Hanovre; mort le 11 août 1921 à Berlin), était un chimiste Allemand. Il étudia la chimie à l'université de Hanovre, puis il fut l'assistant de Victor Meyer tout d'abord à l'université de Göttingen puis à l'université de Heidelberg, où il passa son habilitation en 1892. Il fut professeur à Heidelberg à partir de 1896. Parmi ses sujets de recherche se trouve la synthèse d'hétérocycles azotés par condensation de 1,5-dicétone avec des amines. La synthèse d'énones alpha-béta conjuguées porte le nom de condensation de Knoevenagel (1896) [100].

**a) Réaction de Knoevenagel :** C'est une condensation d'un composé à méthylène actif avec un composé carbonylé pour former une oléfine disubstituée par des groupements électroattracteurs. Les réactions de Knoevenagel se font en milieu faiblement basique, une base telle que la pipéridine suffit pour générer à partir d'un composé à méthylène actif une assez forte teneur à l'équilibre de carbanion, ce dernier attaque le carbonyle en formant un alcoolate plus basique que la pipéridine et qui récupère le proton de l'ion pipéridinium. On aboutit à un produit de condensation qui correspond à une hydroxyalkylation suivie d'une élimination $E1_{Cb}$ d'une molécule d'eau [101] :

GEA : Groupement électroattracteur.

### b) Mécanisme réactionnel :

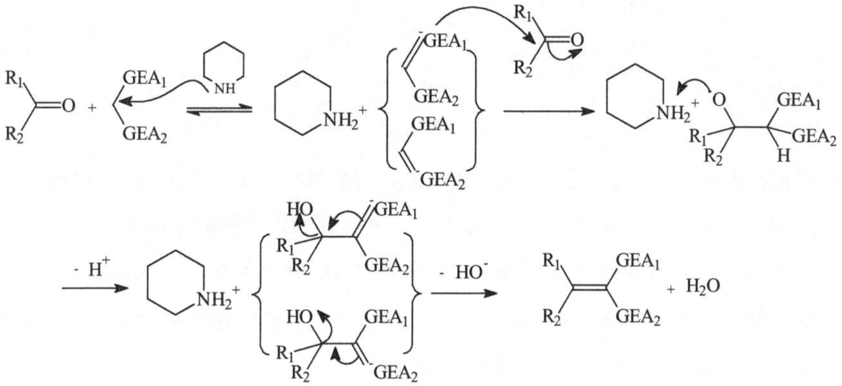

Dans la première étape du mécanisme, il est possible de former un ion iminium entre la pipéridine et le carbonyle, le méthylène actif vient attaquer le carbone déficitaire en électron, on obtient ainsi un intermédiaire d'addition qui mène au produit de condensation après l'élimination de la pipéridine [102]:

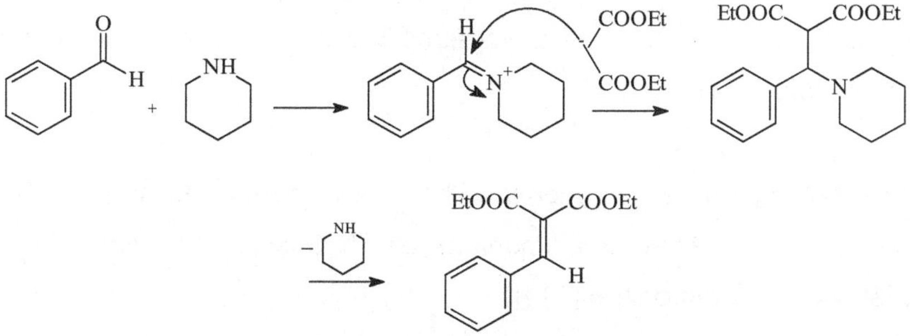

D'autre part, une amine primaire peut catalyser la réaction de Knoevenagel en passant par la formation d'une imine qui va rapidement réagir avec le méthylène actif [103] :

*c) Catalyse :* En général, la réaction de Knoevenagel nécessite une catalyse basique. Les nombreux catalyseurs qui ont été employés, montrent leur efficacité catalytique en comparant les rendements obtenus avec ou sans catalyseur. Selon la catégorie du catalyseur hétérogène ou homogène, organique ou inorganique, on peut distinguer :

- *Catalyseurs organiques homogènes :* pipéridine, pyridine [104, 105, 106], hexylamine [103], triéthylamine [124], 1,8-diazabicyclo[5.4.0]-undec-7-ène [108].

- *Liquides ioniques :* $CH_3COO^- H_3N^+(CH_2)_2OH$ [109], nitrate de n-butyl pyridinium [110], 1-aminoéthyl-3-methylimidazoliumhexafluoro-phosphate [111].

- *Les sels :* acétate d'ammonium [107], bicarbonate du sodium [112], bromure de tétrabutylammonium et $K_2CO_3$ [113], chlorure de triéthylbenzylammonium [114].

- *Catalyseurs inorganiques hétérogènes :* $SiO_2$ [115], $Al_2O_3$ [116], $KF-Al_2O_3$ [117], $MgO/ZrO_2$ [118], $MgBr_2$ [127] ainsi, les matériaux organiques/inorganiques rentrent dans cette catégorie, on note principalement les aminosilices comme la Propyléthylènediamine-Silice [119] la Propylpipéridine-Silice [53], les zéolithes greffées avec l'APTES [120]. L'Aminopropyl-Silice sera traité ultérieurement. En plus, les polymères organiques fonctionnalisés comme par exemple, le polyacrylamide [121] et le tétraéthylènepentamine greffé sur le polychlorure de vinyle (PVC) [122].

*d) Solvant :* Dans la réaction de Knoevenagel, le solvant joue un double rôle, il permet l'élimination d'eau d'une part car la réaction réversible est possible et la vitesse est probablement réduite en présence d'eau et d'autre part, l'adsorption facile des réactifs à la surface du catalyseur solide (cas de la catalyse hétérogène). Les solvants apolaires tels que les hydrocarbures sont très efficaces et peuvent répondre aux besoins, la vitesse de la condensation du cyanoacétate d'éthyle avec le benzaldéhyde catalysée par l'APS en fonction du solvant utilisé, varie dans l'ordre suivant [32] :

Cyclohexane > Toluène > 1,2-Dichloroéthane > Chlorobenzène

L'eau dans certaines conditions, peut être utilisée [112-115, 121] comme d'autres solvants organiques polaires DMF, EtOH, DMSO, $CHCl_3$,... etc.

*e) Conditions réactionnelles :* La condensation de Knoevenagel se fait en général dans des conditions de température et pression douces : à la température ambiante en présence de catalyseurs spécifiques [109, 111, 112], par chauffage conventionnel qui consiste à porter le mélange réactionnel au reflux à une température déterminée, exemple : 80 °C dans le DMSO [53], 110 °C dans le toluène [99] et 80 °C dans l'eau [121].

La synthèse sous irradiation micro-ondes a fait l'objet d'une étude très vaste et intéressante dans la chimie organique. En absence de solvant et suivant un procédé de chimie verte, cette méthode permet de réaliser des réactions en un temps très court avec des rendements quantitatifs. La condensation de Knoevenagel a été testée sous micro-ondes conduisant à des résultats satisfaisants [106, 113, 125, 126]. Seijas *et al.* [107], ont pu atteindre des rendements élevés (96 à 100 %) dans la préparation des dérivés 3-benzylidene-1,3-dihydroindol-2-ones :

En outre, les irradiations ultrasoniques ont un effet considérable sur la réaction de Knoevenagel [117, 128] en présence de catalyseur, des rendements relativement importants sont obtenus [129]:

*f) Méthylène actif [101] :* On appelle méthylène actif, les composés porteurs d'hydrogènes protonisables (labiles) qui peuvent être aisément arrachés par une base (même faible) pour aboutir à un carbanion nucléophile. Généralement les carbones porteurs d'hydrogènes labiles sont localisés en position α d'un groupement électroattracteur (GEA) ou entre deux groupements électroattracteurs ce qui exalte le caractère acide :

80

La charge négative du carbanion formé est stabilisée par des groupements manifestant un effet mésomère-attracteurs (-M) ce qui favorise le déplacement de l'équilibre vers le sens 1, en outre l'effet inductif-attracteur (-I) est nécessaire pour affaiblir la liaison C—H (une forte polarisation) et permettre l'arrachement du proton. Il est, en réalité, possible d'obtenir une grande variété de carbanions stabilisés par des GEA à effet -M. Ces groupes possèdent au moins une liaison multiple –X=Y, l'atome X lié au carbone négatif étant polarisé positivement. On peut alors écrire la forme mésomère :

$$—\overset{|}{C}{}^{-}\!X{=}Y \rightleftharpoons —\overset{|}{C}{=}X{-}Y^{-}$$

La stabilité du carbanion peut être expérimentalement évaluée par la mesure du $pK_a$ du méthylène actif qui est largement inférieur à ceux estimés pour les hydrocarbures (supérieurs à 40). Le tableau suivant donne quelques valeurs de $pk_a$ des composés à méthylène actif utilisés dans la réaction de Knoevenagel :

**Tableau I.8 : $pk_a$ de quelques méthylènes actifs [130].**

| _Composé_ | _GEA_ | _$pk_a$_ |
|---|---|---|
| H—$CH_2NO_2$ | —$NO_2$ | 10,2 |
| H—$CH(COCH_3)_2$ | 2 x —$COCH_3$ | 9 |
| H—$CH(NO_2)_2$ | 2 x —$NO_2$ | 3,57 |
| H—$CH(COCH_3)(COOCH_3)$ | —$COCH_3$ et —$COOCH_3$ | 10 |
| H—$CH(CN)_2$ | 2 x —$CN$ | 11,81 |
| H—$CH(CN)(COOCH_2CH_3)$ | —$CN$ et —$COOCH_2CH_3$ | 9 |

En présence de bases fortes telles que, les hydrures ou les amidures, le carbanion peut être formé en quantité considérable, on peut citer parmi les plus utilisés : l'hydrure de sodium NaH ($pK_a$ = 35), le diisopropylamidure de lithium LDA (pKa = 38), le tertiobutylate de potassium TBP (pKa = 18). Les bases moins fortes (comme HO⁻ ou EtO⁻, pipéridine, pyridine, les amines) ne permettent de créer le carbanion qu'en quantité catalytique, ces bases sont suffisantes pour catalyser la réaction de Knoevenagel car le carbanion est très réactif et l'on procède par déplacement d'équilibre.

*g) Application :* La condensation de Knoevenagel peut se généraliser et être appliquée pour tous les composés à proton labile comme les nitroalcanes $R-CH_2NO_2$ [65] :

On peut citer d'autres exemples d'application :

- La synthèse des dérivés coumarine sous irradiation micro-ondes
  [106] :

- Condensation de Knoevenagel suivie d'une réaction hétéro-Diels-Alder
  [131] :

- Synthèse du 1,2,4-triazolo[4,3-a]pyrimidines [132] :

***h) Réaction de Knoevenagel catalysée par l'Aminopropyl-Silice :*** La catalyse hétérogène se trouve désormais beaucoup plus employée dans les réactions chimiques, particulièrement, parce que elle permet la récupération du catalyseur par simple filtration et simple recyclage par simple lavage [65]. En outre, les produits obtenus sont purs et par rapport à la catalyse homogène, les catalyseurs constituent souvent des impuretés qui nécessitent des opérations de purifications supplémentaires.

L'idée d'utilisation de l'Aminopropyl-Silice comme catalyseur hétérogène dans la condensation de Knoevenagel, vient du fait que dans cette réaction, les amines (en général) ont été très employées comme catalyseur homogène et ont prouvé leur effet sur le rendement et la vitesse de la réaction [103 - 106, 124]. Le problème reste toujours dans la récupération du catalyseur qui est en quantité, parfois, assez grande et la purification du produit final. Le greffage de la fonction amine sur un support solide comme la silice permet de passer d'un catalyseur homogène irrécupérable à un catalyseur hétérogène facilement récupérable. À ce propos, Anan *et al.* [134] ont greffé les trois classes d'amines (primaire, secondaire et tertiaire) sur la silice par voie hétérogène en utilisant les organosilanes suivants :

*3-aminopropyltriéthoxysilane (APTES)*  $(EtO)_3Si\diagdown\diagup\diagdown NH_2$

*3-(N-methylaminopropyl)triéthoxysilane (MAPS)*  $(EtO)_3Si\diagdown\diagup\diagdown NH{-}CH_3$

*3-(N,N-dimethylaminopropyl)triéthoxysilane (DMAPS)*  $(EtO)_3Si\diagdown\diagup\diagdown N\diagdown{}^{CH_3}_{CH_3}$

Dans le toluène, utilisé comme solvant pour la réaction de greffage, les aminosilices 2, 4 et 6, ont un taux de greffage plus grand que ceux qui sont obtenues dans l'isopropanol 1, 3 et 5 (voir tableau I.9). Ainsi, l'objectif de ce travail est de tester ces aminosilices comme catalyseur hétérogène dans la réaction de condensation du nitrométhane avec le 4-nitrobenzaldéhyde :

**Tableau I.9 : Condensation du 4-nitrobenzaldéhyde avec le nitrométhane catalysée par différentes aminosilices.**

| Catalyseur % N | Nitrostyrène $O_2N$—⟨ ⟩—$NO_2$ | $NO_2$ ... $NO_2$ | OH ... $NO_2$ |
|---|---|---|---|
| 1   NH$_2$   2.58 | (76%) | (15%) | (9%) |
| 2   NH$_2$ NH$_2$   4.27 | (48%) | (24%) | (29%) |
| 3   NH-Me   2.44 | (4%) | (19%) | (77%) |
| 4   NH-Me NH-Me   3.60 | (0.2%) | (12%) | (88%) |
| 5   NMe$_2$   1.87 | (1.2%) | (9%) | (90%) |
| 6   NMe$_2$ NMe$_2$   2.81 | (11%) | – | (89%) |

On observe une sélectivité élevée pour la condensation de Knoevenagel (nitrostyrène) dans le cas où l'Aminopropyl-Silice est utilisée (catalyseur 1 et 2). La nucléophilie de l'amine primaire favorise la formation d'une imine qui est attaquée rapidement par le nitrométhane.

Ce mécanisme communément proposé dans la littérature [46, 55, 97, 120, 121 135], oriente la réaction vers l'obtention d'un produit de condensation suivie d'une élimination d'amine :

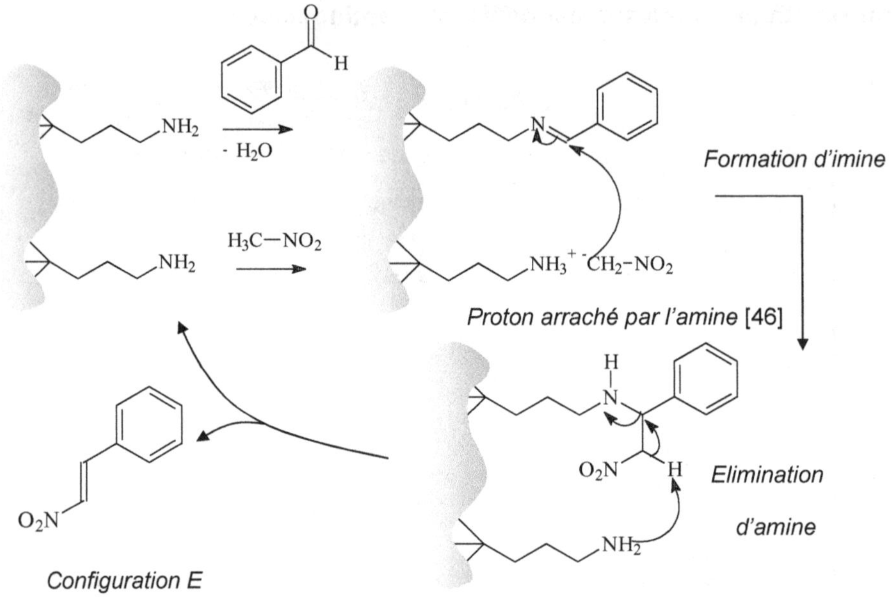
O
H
$NH_2$
- $H_2O$
Formation d'imine
$H_3C-NO_2$
$NH_2$
$NH_3^+$ $^-CH_2-NO_2$
Proton arraché par l'amine [46]
H
N
$O_2N$
H
Elimination
d'amine
$NH_2$
$O_2N$
Configuration E

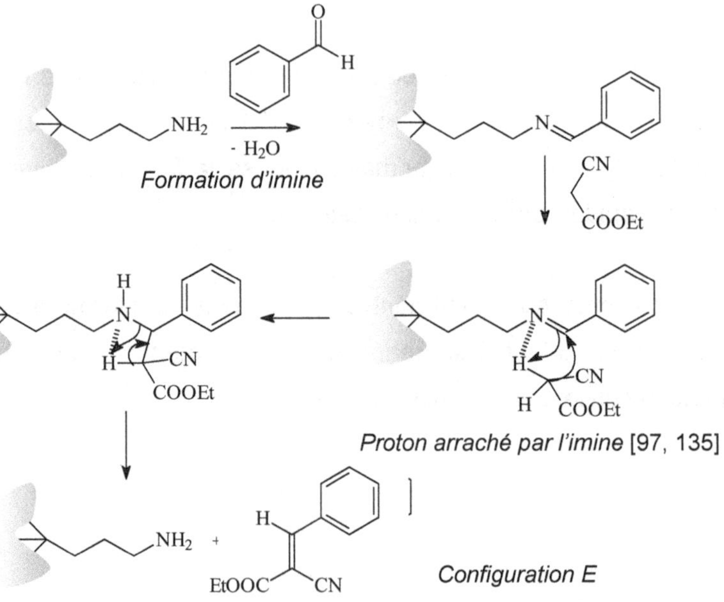
O
H
$NH_2$
- $H_2O$
Formation d'imine
N
CN
COOEt
H
N
H
CN
COOEt
N
H
CN
H
COOEt
Proton arraché par l'imine [97, 135]
$NH_2$
+
H
EtOOC
CN
Configuration E

Par ailleurs, la basicité du groupement amine peut servir à capter le proton labile du nitrométhane en déplaçant l'équilibre vers la formation du carbanion, ce dernier attaque le carbonyle pour aboutir au produit de condensation [93]. Ainsi, les auteurs de ce travail suggèrent la contribution des silanols résiduels dans le mécanisme réactionnel suivant une activation électrophile du groupement carbonyle :

*APS-1* (1,3 mmol/g en APTES greffé)    *APS-2* (4,1 mmol/g en APTES greffé)

Le rendement se trouve très diminué par l'augmentation du taux de greffage (99 % pour l'APS-1 et 52,5 % pour l'APS-2), cela peut expliquer l'activité catalytique des silanols résiduels. Cette proposition mécanistique a été mentionnée dans la référence [134] (voir tableau I.9). D'après des études déjà citées sur les propriétés de l'APS [65], un taux de greffage élevé fait diminuer les valeurs des paramètres structuraux (voir figure I.34) tels que la surface spécifique et le volume total des pores. Cette diminution entraîne une accessibilité difficile aux sites actifs par les molécules réactives d'où une répercussion directe sur le rendement de la réaction de Knoevenagel. D'autre part, nous tenons à citer l'influence de la taille des pores des particules d'APS sur le rendement :

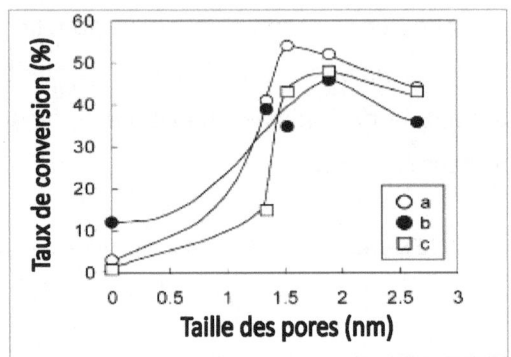

**Figure I.40 : Influence de la taille des pores des particules d'APS sur le rendement de la condensation du nitrométhane avec des dérivés de benzaldéhyde a, b et c [24].**

En outre, l'utilisation d'une Aminopropyl-Silice « end-capped » (c'est-à-dire, une substitution totale des silanols résiduels par le triméthylsilane TMS) dans la réaction de Knoevenagel, n'a pas conduit à des rendements satisfaisants par comparaison avec l'APS (avec des silanols libres). Cette étude prévoit l'influence des silanols résiduels dans le mécanisme catalytique en témoignant avec la diminution de l'effet catalytique des APSs ayant un taux de greffage trop élevé (faible taux de silanols libres) [136].

D'autres paramètres influençant la condensation de Knoevenagel catalysée par l'APS, ont été mis en évidence. En effet, en étudiant la condensation de l'isophtaldéhyde avec le malonitrile catalysée par différentes APS-(1-3), Bass *et al.* [137], expliquent que la double condensation du malonitrile sur l'isophtaldéhyde (produit B) dépend fortement de la nanostructure de l'APS utilisée :

| APS-1 | APS-2 | APS-3 |
|---|---|---|

| Groupements amine isolés | Groupements amine séparés avec une distance X = 8 - 12 A° | Monocouche de groupements amine (absence de silanols) |
|---|---|---|

On note une sélectivité pour le produit B dans le cas où le catalyseur utilisé est l'APS-2 ou l'APS-3, par contre A est majoritairement obtenu si l'APS-1 est employé. Un mécanisme de catalyse basique peut être proposé.

En général, la condensation de Knoevenagel catalysée par l'APS est sélective et conduit majoritairement au produit de configuration E (therodynamiquement plus stable) [46, 97, 135]. Elle se déroule dans des conditions de température entre 80 et 110 °C (chauffage au reflux) [32] et même à température ambiante [138]. La majorité des solvants organiques peuvent être utilisés (DMSO, DMF, toluène, éthanol, les hydrocarbures) ainsi que l'eau [98]. Une gamme importante de composés à méthylène actif est disponible pour la condensation de Knoevenagel avec les différents aldéhydes et cétones (aliphatiques et aromatiques). Des rendements satisfaisants sont obtenus, comme en témoigne les travaux effectués sur la réaction de Knoevenagel catalysée par l'APS, qui s'avère un catalyseur efficace (tableau I.10 et I.11).

**Tableau I.10 : Réaction de condensation de Knoevenagel entre le cyanoacétate d'éthyle et le benzaldéhyde catalysée par différentes aminosilices [138].**

*Conditions réactionnelles : 100 mg de catalyseur - 1,25 mmol benzaldéhyde, 1,30 mmol cyanoacétate d'éthyle dans 1 ml de toluène.*

| Catalyseur | Température de réaction (°C) | Temps de réaction (heure) | Rendement (%) |
|---|---|---|---|
| Aminopropyl-Silice | Ambiante | 1 | 99 |
| N-méthylaminopropyl-Silice | Ambiante | 1 | 70 |
| Pipérazinopropyl-Silice | 80 | 6 | 13 |
| N,N-diméthylaminopropyl-Silice | 80 | 6 | 0 |
| N,N-diéthylaminopropyl-Silice | 80 | 6 | 0 |
| Pipéridinopropyl-Silice | 80 | 6 | 0 |

**Tableau I.11 : Réaction de Knoevenagel entre le cyanoacétate d'éthyle et les différents composés carbonylés catalysée par l'APS [32].**

| $R_1$ | $R_2$ | Température de réaction (°C) | Temps de réaction (heure) | Rendement (%) |
|---|---|---|---|---|
| Ph | H | 82 | 0,1 | 99 |
| n-$C_5H_{11}$ | H | 82 | 0,2 | 97 |
| n-$C_7H_{15}$ | H | 82 | 0,2 | 98 |
| c-$C_5H_{10}$ | - | 82 | 1 | 98 |
| $C_2H_5$ | $C_2H_5$ | 82 | 2 | 97 |
| n-$C_4H_9$ | $CH_3$ | 82 | 4 | 98 |
| t-$C_4H_9$ | $CH_3$ | 82 | 24 | 22 |
| Ph | $CH_3$ | 82 | 24 | 68 |
| Ph | Ph | 82 | 72 | 8 |

## II. REACTION DE KNOEVENAGEL CATALYSEE

Dans ce chapitre, nous décrirons les protocoles expérimentaux de synthèse de quelques molécules organiques issues d'une condensation de Knoevenagel catalysée par les amines primaires (catalyse homogène) ou par l'Aminopropyl-Silice (catalyse hétérogène). Une comparaison entre ces deux types de catalyse sera discutée, de même, nous présenterons les différents appareils et dispositifs de synthèse utilisés.

### II.A - Catalyse homogène

La catalyse homogène dans la réaction de Knoevenagel a toujours été réalisée dans des solvants organiques anhydres à des températures élevées en un temps plus ou moins long (quelques heures), en ajoutant des quantités catalytiques de molécules basiques telles que les amines. Une telle méthode, bien qu'elle soit efficace, utilise des solvants couteux et nocifs (DMSO, Toluène,…). Notre but étant d'élaborer une méthode de synthèse rapide et efficace sous des conditions plus douces, nous avons opté pour la synthèse de Knoevenagel à la température ambiante en absence de solvant. Nous avons ainsi étudié l'effet catalytique des amines primaires connues pour être de bons catalyseurs homogènes. Les amines primaires en question qui sont la butylamine, la benzylamine et l'aniline, ne seront ajoutées qu'en très faible quantité par rapport aux réactifs. Le mécanisme catalytique sera étudié dans un chapitre ultérieur.

Au laboratoire, nous avons effectué plusieurs essais de synthèse de Knoevenagel en utilisant des aldéhydes aromatiques liquides, comme le benzaldéhyde et le para-méthylbenzaldéhyde avec des méthylènes actifs, comme le malonitrile et le cyanoacétate d'éthyle qui présentent un proton acide facilement capté par les amines. Ces réactifs sont regroupés dans le tableau II.1.

**Tableau II.1 : Les réactifs utilisés dans la synthèse de Knoevenagel.**

| Réactifs | Masse molaire (g/mol) | Fournisseur | Pureté (%) |
|---|---|---|---|
| Benzaldéhyde | 106 | Rieled-deHaën | 99 |
| p-Méthylbenzaldéhyde | 120 | Aldrich | 97 |
| Malonitrile | 66 | Aldrich | 99 |
| Cyanoacétate d'éthyle | 113 | Aldrich | 98 |
| Butylamine | 73 | Aldrich | 99 |
| Benzylamine | 107 | Aldrich | 99.5 |
| Aniline | 93 | Aldrich | 99 |

*Mode opératoire N°1 :*

Des quantités équimolaires (0,01 mole) d'aldéhyde et de méthylène actif sont convenablement mélangées dans un tube à essai (volume de 5 ml). À l'aide d'une micropipette, un volume de 25 µl de butylamine est ajouté au mélange réactionnel (environ 2,5 % en volume total du mélange réactionnel). Le tube est bouché et agité manuellement. Après 30 secondes, le produit de condensation cristallise.

On dissout le produit dans 4 ml de dichlorométhane. Sur cette solution organique, un volume de 10 ml d'une solution aqueuse d'acide chlorhydrique HCl (10%) est ajoutée. Le mélange hétérogène est agité dans une ampoule à décanter pendant 5 minutes. Après décantation, la phase organique est récupérée dans un cristallisoir et le produit de condensation précipite de nouveau en évaporant le dichlorométhane à 40 °C, il sera ensuite lavé avec 2 x 10 ml de la solution aqueuse d'HCl précédemment utilisée, filtré et rincé avec de l'eau distillée pour enlever les traces d'acide. En fin le produit est recristallisé dans un mélange eau/éthanol (60:40 en volume), filtré et séché sous vide. La caractérisation physicochimique a été faite par HPLC, FT-IR et point de fusion ($P_f$). Les résultats de cette synthèse sont regroupés dans le tableau II.2 :

**Tableau II.2 : Rendement et caractérisation physicochimiques des produits synthétisés (cas de la catalyse homogène par les amines primaires).**

| $R_1$ | $R_2$ | Rendement (%) | $P_f$ (°C) | $P_f$ (°C) Littérature | Analyse** HPLC / IR | Pureté (%) |
|---|---|---|---|---|---|---|
| $C_6H_5-$ | CN | 74 | 83 - 85 | 82 - 85 [109] | A1 | 83 |
| $C_6H_5-$ | COOEt | 69 * | 49 - 53 | 52 - 54 [109] | A2 | 78 |
| $p-CH_3C_6H_5-$ | COOEt | 64 * | 93 - 95 | 88 - 91 [109] | A3 | 75 |

\* Mélange d'isomères géométriques E/Z. ** Les spectres IR et les chromatogrammes HPLC sont donnés en annexe

Afin d'examiner l'influence de la basicité de l'amine primaire sur la vitesse et le rendement de la réaction de Knoevenagel (tableau II.3), nous avons étudié la condensation du benzaldéhyde avec le malonitrile catalysée par les différentes amines primaires précédement citées et dont la basicité mesurée par le pk$_a$ varie dans l'ordre suivant :

Butylamine (pk$_a$ 10,59) > Benzylamine (pk$_a$ 9,34) > Aniline (pk$_a$ 4,19) [130]

Produit caractérisé par $P_f$ = 83 - 85 °C

**Tableau II.3 : L'influence de la basicité de l'amine primaire sur le rendement et la vitesse de la réaction de Knoevenagel.**

| R | Rendement (%) | Temps (Seconde)* |
|---|---|---|
| $C_4H_9$— | 74 | 30 |
| $C_6H_5CH_2$— | 70 | 42 |
| $C_6H_5$— | 57 | 72 |

\* le temps nécessaire pour que le produit cristallise.

## II.B - Catalyse hétérogène

Dans cette partie, nous décrirons l'usage de l'Aminopropyl-Silice (APS) comme catalyseur hétérogène dans la condensation de Knoevenagel. L'APS utilisée dans cette étude, est une phase stationnaire d'une colonne $NH_2$ (colonne HPLC vidée) type Waters µBondapack $NH_2$ (WAT084040) et dont les caractéristiques sont citées dans le tableau suivant :

**Tableau II.4 : Caractéristiques de l'Aminopropyl-Silice utilisée.**

| Structure | Silice greffée Aminopropyle |
|---|---|
| Ligand | Aminopropylsilane |
| Taux de carbone | 4 % |
| End capped | Non |
| Activité des silanols | Elevée |
| Forme des particules | Irrégulière |
| Taille des particules | 10 µm |
| Volume total des pores | 1 ml/g |
| Taille du pore | 125 A° |
| Surface spécifique | 330 m²/g |
| pH d'utilisation | 2 – 8 |

Références prises du site-web : www.waters.com

D'un point de vue structural, cette Aminopropyl-Silice présente des caractéristiques différentes de celles rapportées dans la littérature et qui ont été utilisées pour catalyser la réaction de Knoevenagel. Par comparaison avec les APSs synthétisées par Sartori *et al.* [65] (voir figure I.35), on note une surface spécifique, un volume total des pores et une taille des pores élevés, bien que la taille des particules soit petite avec une forme irrégulière (voir I.B.1.3 - Structure et propriétés de l'APS). Cette différence dans les paramètres structuraux des APSs synthétisées dépend essentiellement de la méthode de synthèse de celles-ci. A cet effet, nous n'avons aucune indication sur le mode opératoire de synthèse de l'APS utilisée dans ce travail (méthode spécifique au constructeur de la colonne $NH_2$ utilisée).

Le taux de greffage égal à 1,111 $10^{-3}$ mole par gramme d'APS, il peut être calculé à partir du pourcentage de carbone (4 %) :

$$1 \text{ g d'APS} \longrightarrow 0,04 \text{ g de carbone}$$
$$1 \text{ mole d'aminopropyle} \longrightarrow 36 \text{ g de carbone}$$
$$\text{D'où : } 1 \text{ g d'APS} \longrightarrow 0,04 / 36 = 1,111 \; 10^{-3} \text{ mole d'aminopropyle}$$

## II.B.1 - Analyse en FT-IR de l'Aminopropyl-Silice

Le spectre FT-IR de l'Aminopropyl-Silice (figure II.1) permet de mettre en évidence la présence des ligands aminopropyle et les silanols résiduels, les pics caractéristiques sont représentés dans le tableau II.5. Nous avons réalisé une pastille constituée de 150 mg de KBr (grade analyse) mélangée avec 10 mg d'APS prétraitée dans une étuve à 120 °C pendant 6 heures. Le spectre FT-IR a été obtenu à la température ambiante dans un équipement du type Perkin Elmer, ainsi, un échantillon de silice pure a été traité et analysé de la même façon afin de comparer les deux spectres.

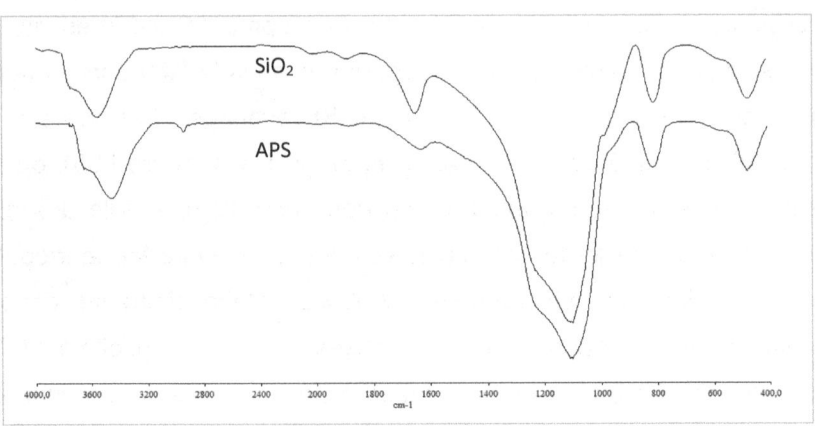

**Figure II.1 : Comparaison entre les spectres FT-IR de l'APS et la silice pure.**

**Tableau II.5 : Analyse en FT-IR, les pics caractéristiques de l'APS.**

| Pics (cm⁻¹) | Attribution | Référence |
|---|---|---|
| 3700 - 3600 | Vibration d'élongation Si—OH et $H_2O$ adsorbée | 13 |
| 3500 - 3250 | Vibration d'élongation $NH_2$ | 66 - 69 |
| 2900 | Vibrations d'élongation C—H | 66 |
| 1650 | Vibration de déformation $NH_2$ et $H_2O$ adsorbée | 13 - 148 |
| 1400 | Vibration de déformation C—H | 66 |
| 1380 | Vibration de déformation Si—CH | 63 |
| 1000 - 1200 | Vibration de déformation N—C | 64 |
| 1000 - 1100 | Elongation antisymétrique $SiO_4$ | 13 |
| 980 | Vibration d'élongation Si—OH | 13 |
| 890 | Déformation angulaire Si—OH | 13 |
| 465 - 475 | Rotation plane Si—O | 13 |

## II.B.2 - Réaction de Knoevenagel catalysée par l'APS

Pour mettre en évidence l'effet catalytique de l'Aminopropyl-Silice, une étude comparative avec les catalyseurs homogènes (les amines primaires) a été menée et nous avons repris les mêmes réactions chimiques précédemment citées dans les mêmes conditions (absence de solvant et à la température ambiante). Une quantité catalytique de 25 mg d'APS (prétraitée à 120 °C sous air pendant 1 heure) a été ajoutée au mélange réactionnel. Dans ces conditions, l'APS n'a pratiquement aucun effet sur les réactions de condensation de Knoevenagel. Il est question de changer les conditions opératoires en essayant de fournir une énergie au mélange réactionnel sous forme de chaleur et pour cela, nous avons opté à tester l'effet des irradiations micro-ondes pour voir l'avantage de cette technique sur la réaction en question.

### II.B.2.1 - Synthèse sous micro-ondes

La synthèse de Knoevenagel catalysée sous irradiations micro-ondes a été rapportée dans la littérature [106, 113, 125, 126], les catalyseurs homogènes sont souvent employés. Dans ce qui suit, nous allons traiter l'effet des micro-ondes sur le catalyseur APS avant son utilisation dans les réactions de condensation de Knoevenagel. Un four à micro-ondes domestique type Samsung a été employé dont la puissance maximale est de 800 Watt (W).

*a) L'effet des micro-ondes sur l'Aminopropyl-Silice :* Une étude en FT-IR a été réalisée sur des échantillons d'APS traités sous micro-ondes à différente puissances en faisant varier le temps d'irradiation. La figure suivante représente les spectres FT-IR obtenus :

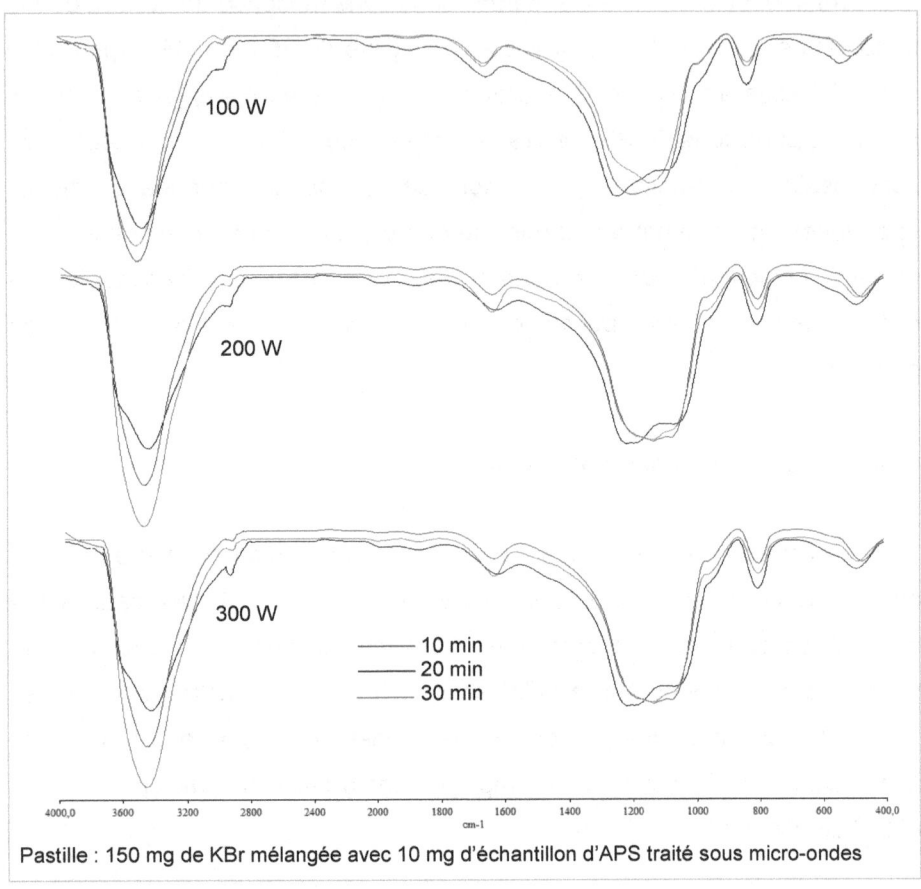

Pastille : 150 mg de KBr mélangée avec 10 mg d'échantillon d'APS traité sous micro-ondes

**Figure II.2 : L'effet des micro-ondes sur l'APS suivi par FT-IR.**

***b) Optimisation des conditions réactionnelles aux micro-ondes :***
Nous avons étudié l'évolution du rendement de la réaction de condensation du benzaldéhyde avec le malonitrile, en fonction de la puissance et du temps d'irradiation. D'après les résultats rapportés dans le tableau II.6, un rendement élevé de 95 % est obtenu à la puissance de 200 W pendant 20 minutes d'irradiation. La température maximale atteinte dans ces conditions est de 114 °C (voir t ableau II.7) :

**Tableau II.6 : Evolution du rendement en fonction de la puissance et du temps d'irradiation micro-onde.**

| Puissance (W) | 100 | 200 | 300 | Temps (min) |
|---|---|---|---|---|
| | 40 | 65 | 65 | 5 |
| Rendement (%) | 60 | 75 | 17 | 10 |
| | 70 | **95** | 0 | 20 |

**Tableau II.7 : Les températures maximales obtenues par irradiations micro-ondes.**

| Puissance (W) | 100 | 200 | 300 | Temps (min) |
|---|---|---|---|---|
| | 58 | 65 | 100 | 5 |
| Température (°C) | 89 | 90 | 140 | 10 |
| | 105 | **114** | 165 | 20 |

**Mode opératoire N°2 :**

La figure II.3 représente le montage réactionnel dans le four à micro-ondes où nous avons utilisé des tubes de centrifugation pour la récupération facile de la poudre d'APS en fin de réaction. Le tube est supporté sur un lit d'alumine mené d'une colonne en verre qui est reliée à un réfrigérant à l'extérieure du four.

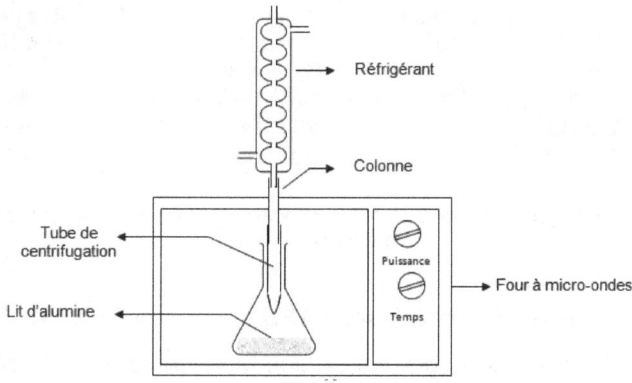

**Figure II.3 : Montage réactionnel dans le four à micro-ondes.**

Dans le tube utilisé, on introduit des quantités équimolaires d'aldéhyde et de méthylène actif (0,01 moles avec un léger excès de méthylène actif par rapport à l'aldéhyde), sur lesquelles, on ajoute 25 mg d'APS prétraitée à 300 W pendant 10 minutes. Le tube est placé dans le montage précédemment décrit (figure II.3). Les temps et les puissances des irradiations micro-ondes sont donnés dans le tableau II.6. Le mélange réactionnel est ensuite laissé se refroidir dans le four pendant 15 minutes (jusqu'à que le produit de condensation cristallise). Le produit est récupéré par dissolution dans le dichlorométhane (voir (c) dans la même page), il cristallise de nouveau après l'évaporation du dichlorométhane à 40 °C, il sera ensuite lavé avec de l'eau distillée, filtré et rincé avec de l'eau distillée ensuite recristallisé dans un mélange eau/éthanol (60:40 en volume). Les produits synthétisés sont regroupés dans le tableau II.8 :

$$R_1\!\!-\!\!CHO + \underset{R_2}{\overset{CN}{\diagdown}}\!\!CH \xrightarrow[\text{Micro-ondes}]{\text{APS}} \underset{H}{\overset{R_1}{\diagup}}\!\!C=\!\!C\underset{R_2}{\overset{CN}{\diagdown}} + H_2O$$

**Tableau II.8 : Rendement et caractérisation physicochimiques des produits synthétisés (cas de la catalyse hétérogène par l'APS sous micro-ondes).**

| $R_1$ | $R_2$ | Rendement (%) | Temps / puissance (min / W) | $P_f$ (°C) | Analyse** HPLC/IR | Pureté (%) |
|---|---|---|---|---|---|---|
| $C_6H_5$— | CN | 95 | Voir tableau II.6 | 83 - 85 | A4 | 97 |
| $C_6H_5$— | COOEt | 87 * | 20 / 200 | 49 - 53 | A5 | 95 |
| p-$CH_3C_6H_5$— | COOEt | 94 * | 20 / 200 | 93 - 95 | A6 | 92 |

* Mélange d'isomères géométriques E/Z. ** Les spectres IR et les chromatogrammes HPLC sont donnés en annexe.

***c) Recyclage du catalyseur APS :*** L'étape de récupération du catalyseur APS ainsi que le produit de condensation sera plus détaillée dans se qui suit :

Un volume de 4 ml de dichlorométhane est versé dans le tube pour faire dissoudre et récupérer la quantité totale du produit. Le tube est placé dans une centrifugeuse pour une durée de 2 minutes, on récupère ensuite la phase liquide dans un cristallisoir (la récupération du produit a été citée ci-dessus dans la page précédente). L'APS restée dans le tube est lavée avec 5 ml d'éthanol à chaud (50 °C), 5 ml de dichlorométhane, centrifugée et récupérée pour une nouvelle réaction. Dans un autre cas, il est préférable d'utiliser des solvants de lavage qui dissolvent mieux les réactifs et les produits obtenus. Cette opération de lavage peut être répétée 2 ou 3 fois si nécessaire, l'APS doit être conservée sous vide. Elle peut aussi être utilisée et recyclée plusieurs fois, nous l'avons réutilisé 4 fois pour le cas de la condensation du benzaldéhyde avec le malonitrile et aucune influence n'est notée sur le rendement (toujours entre 90 et 95 %). En cas de diminution du rendement après plusieurs utilisations, il sera nécessaire d'employer une nouvelle quantité d'APS car elle peut subir une désactivation chimique due aux différents contaminants. Les causes de désactivation du catalyseur APS seront discutées dans un chapitre ultérieur.

### II.B.2.2 - Synthèse sur colonne

Dans cette section, nous allons développer une nouvelle technique de synthèse de Knoevenagel catalysée par l'Aminopropyl-Silice. Elle consiste en un montage d'un réacteur spécifique pour le cas des réactions qui nécessite une catalyse hétérogène. Notre réacteur est une colonne en acier inoxydable type HPLC, placée dans un four et reliée à une pompe HPLC à l'aide d'un tuyau en acier inoxydable. Cette pompe sert à transporter le mélange réactionnel vers la colonne qui contient une quantité connue du catalyseur APS (100 mg). La sortie de la colonne est ainsi reliée à un tuyau, qui tombe directement dans un ballon tricol contenant le mélange réactionnel pompé, on a donc, un circuit fermé. Ce montage est illustré en détails dans la figure II.4.

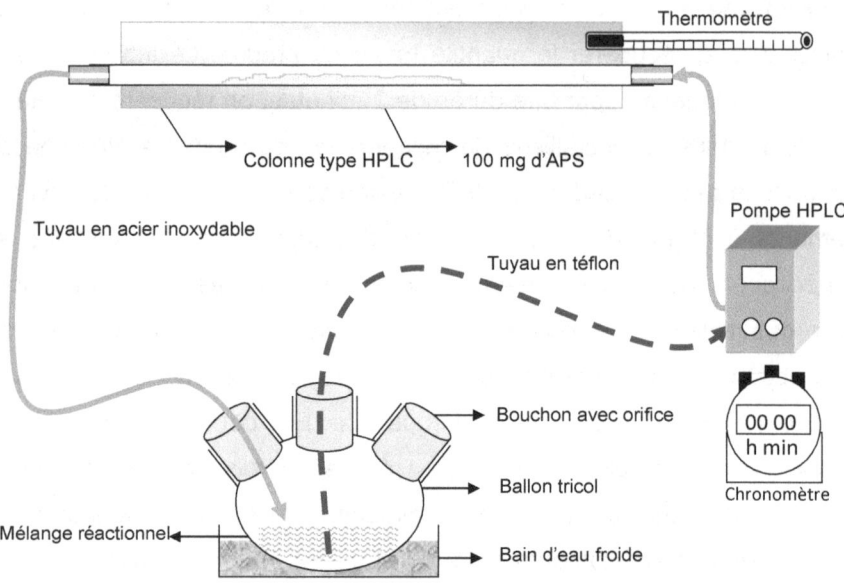

**Figure II.4 : Montage d'un réacteur spécifique pour la réaction de Knoevenagel catalysée par l'APS.**

*Mode opératoire N°3 :*

Dans un bécher contenant 20 ml d'éthanol, utilisé comme solvant, on dissout des quantités équimolaires d'aldéhyde et de méthylène actif (0,01 moles avec un léger excès de méthylène actif par rapport à l'aldéhyde), le mélange réactionnel est versé dans le ballon tricol placé dans le montage précédemment décrit (figure II.4). La pompe est réglée à un débit de 1 ml/min et la température du four est fixée à 75 °C. Le chronomètre démarre à l'instant où la pompe est mise en marche.

Après 2 heures (correspondant à 6 cycles), le chauffage et la pompe sont arrêtés, le système est laissé à refroidir. On déplace ensuite le tuyau d'entrée vers la pompe (représenté en ligne pointillée dans la figure II.4) dans un bécher contenant 10 ml d'éthanol, la pompe est remise en marche, en augmentant le débit à 9 ml/min. Cette étape est nécessaire pour vider et récupérer le mélange réactionnel qui est resté dans la colonne et dans les tuyaux. Le contenu du ballon tricol est versé dans un bécher qui contient 45 ml d'eau distillée, le produit de condensation précipite et il sera ensuite recristallisé directement dans le même mélange, filtré, rincé avec de l'eau distillée et enfin séché sous vide. Les résultats de cette technique de synthèse sont représentés dans le tableau suivant :

**Tableau II.9 : Rendement et caractérisation physicochimiques des produits synthétisés (cas de la synthèse sur colonne catalysée par l'APS).**

| $R_1$ | $R_2$ | Rendement (%) | $P_f$ (°C) | Analyse** HPLC/IR | Pureté (%) |
|---|---|---|---|---|---|
| $C_6H_5$— | CN | 77 | 83 -85 | A7 | 95 |
| $C_6H_5$— | COOEt | 82 * | 49 - 53 | A8 | 96 |
| p-$CH_3C_6H_5$— | COOEt | 71 * | 93 - 95 | A9 | 93 |

* Mélange d'isomères géométriques E/Z. ** Les spectres IR et les chromatogrammes HPLC sont données en annexe.

Le catalyseur APS peut être recyclé par un simple lavage dans la colonne, en faisant passer 10 ml d'éthanol à chaud (75 °C) à l'aide de la pompe réglée à un débit de 1 ml/min, suivi par 10 ml de dichlorométhane à froid, par la suite il peut être réutilisé pour une nouvelle synthèse ou bien conservé dans la colonne dans des solvants appropriés (éthanol, méthanol, dichlorométhane). Nous tenons à mentionner que nous avons utilisé la même colonne avec la même quantité d'APS pour la synthèse des produits qui sont regroupés dans le tableau suivant :

## *Résultats et discussion*

Dans le cas de la catalyse homogène, les amines primaires prouvent leur effet catalytique dans la réaction de Knoevenagel par l'obtention des rendements satisfaisants (65 à 75 %), sous des conditions plus douce. La basicité de l'amine primaire joue un rôle primordial dans l'amélioration du rendement de la réaction, ainsi, on a noté un rendement élevé en utilisant la butylamine qui est la plus basique par rapport aux autres amines primaires utilisées. Cependant, les produits obtenus nécessitent un traitement supplémentaire pour la purification, qui consiste en un lavage avec une solution d'acide chlorhydrique (HCl) pour éliminer la quantité catalytique d'amine, suivi d'un deuxième lavage avec de l'eau distillée pour enlever les traces d'acide :

$$R-NH_2 \xrightarrow{H_2O\,/\,HCl} R-NH_3^+, \, ^-Cl$$

Phase organique           Phase aqueuse

D'après les analyses en HPLC des produits obtenus par catalyse homogène (A1, A2 et A3 en annexe), on note la présence d'autres pics interprétant la présence de produits secondaires provenant essentiellement des réactions parasites dues à l'amine primaire ce qui va influencer la pureté des produits obtenus (75 à 85 %).

En catalyse hétérogène de la réaction de Knoevenagel, l'Aminopropyl-Silice (APS) montre une efficacité beaucoup plus importante, notamment sous irradiations micro-ondes, les rendements sont améliorés (85 à 95 %), ainsi, la pureté des produits obtenus est supérieure à 95 % (voir chromatogrammes HPLC A4, A5 et A6 en annexe).

L'expérience montre qu'à la température ambiante, l'APS ne présente aucun effet catalytique sur la condensation de Knoevenagel, cela peut être expliqué comme suit :

- Le nombre de site amine actif et/ou accessible est très faible (27,775 x $10^{-6}$ moles de site amine / 25 mg d'APS).
- Adsorption ou piégeage des cristaux de produits probablement formés dans les pores de l'APS ce qui empêche la diffusion d'autres molécules de réactif dans les pores pour une nouvelle transformation (sites amine inaccessibles).

Nous avons montré que l'APS est chimiquement stable sous irradiations micro-ondes. Les spectres FT-IR des différents échantillons d'APS traités sous micro-ondes (voir figure II.2), montrent la présence des groupements aminopropyle caractérisés par les bandes de vibration vers 2900 cm$^{-1}$ (liaison C—H) et 3500 cm$^{-1}$ (liaison N—H). Les micro-ondes ont un effet considérable sur la réaction de Knoevenagel catalysée par l'APS, cette dernière subit une activation chimique superficielle (figure II.5). Ainsi, en étudiant l'évolution du rendement en fonction de la puissance et du temps des irradiations micro-ondes, nous avons constaté qu'à une température suffisante pour éliminer les molécules d'eau (> 100 °C), sous une puissance moyenne de 200 W, on peut obtenir un rendement de 95% après 20 minutes d'irradiation. En revanche, en travaillant à des puissances plus élevées (> 300 W), le rendement de la réaction diminue et qui peut être dû à une dégradation chimique des produits obtenus sous l'effet de hautes températures (figure II.6).

*À la température ambiante*

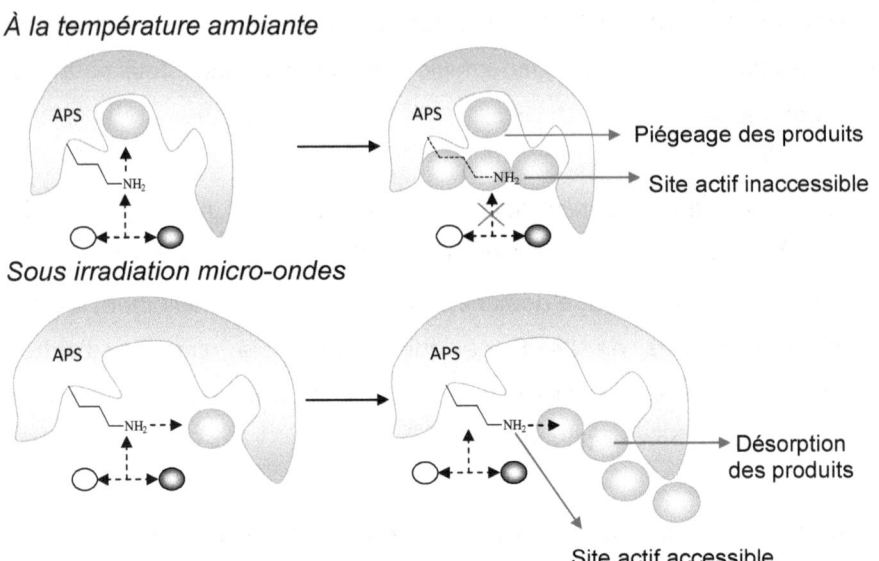

**Figure II.5 : Activation chimique superficielle de l'APS par irradiations micro-ondes.**

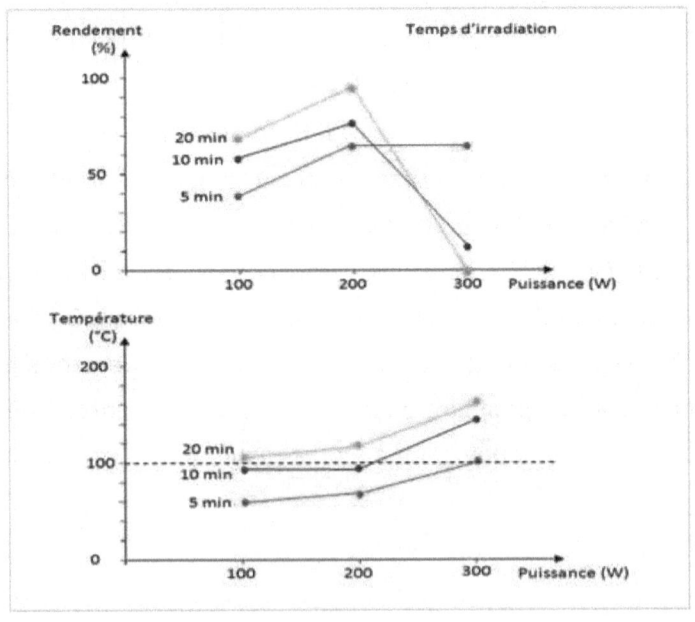

**Figure II.6 : Effet des irradiations micro-ondes sur le rendement.**

L'idée de la technique de synthèse sur colonne a été inspiré du montage d'un appareil HPLC, elle est pratique permettant la réalisation des réactions par catalyse hétérogène. Elle permet aussi la récupération facile des produits obtenus (solubilisés dans le solvant réactionnel) sans passer par la filtration du catalyseur qui se trouve tout le temps conservé dans la colonne en présence d'un solvant tel que l'éthanol, méthanol ou le dichlorométhane (pour la conservation de l'APS), de même, suivant cette méthode, on peut augmenter la durée de vie du catalyseur qui peut être réutilisé plusieurs fois.

En plus de l'effet catalytique, l'Aminopropyl-Silice joue le rôle d'un adsorbant chimique pour la purification des produits obtenus. Elle peut fixer chimiquement les molécules qui restent en excès sur les groupements amine tels que les carbonyles, les esters, les acides carboxyliques, les halogénures d'alkyle, …etc. Ainsi, l'extraction des ions de métaux lourds du milieu réactionnel, on peut donc éliminer plusieurs étapes de purification. Cependant, une désactivation chimique peut avoir lieu à force d'utiliser la même quantité de ce catalyseur pour plusieurs synthèses, les rendements vont notablement diminuer avec un risque d'avoir des impuretés provenant de l'APS elle-même qui peut rejeter des molécules dans le milieu réactionnel par désorption. À ce stade l'emploi d'une nouvelle quantité d'APS est recommandé.

*Conclusion: Dans ce chapitre, nous avons confirmé que l'Aminopropyl-Silice est un catalyseur hétérogène de choix pour la réaction de condensation de Knoevenagel. La littérature abonde d'exemples d'études sur ce catalyseur qui a été employé dans différentes réactions de condensation sous des conditions énergiques en utilisant des solvants nocifs et couteux. Nous avons montré qu'en absence de solvant et sous irradiations micro-ondes, les rendements sont considérablement améliorés (85 à 95 %). En outre, ce catalyseur est utilisé pour ces avantages d'être recyclable, d'avoir une forte résistance à la dégradation chimique, une résistance à des températures élevées et à la solvatation. Il est aussi employé de préférence par rapport aux catalyseurs liquides (exemple : les amines) car il conduit au minimum d'impuretés qui sont à l'origine de ces catalyseurs homogènes.*

## II. COMPORTEMENT CATALYTIQUE DE L'APS DANS LA REACTION DE KNOEVENAGEL

Comme il a été mentionné dans le chapitre précédent, l'Aminopropyl-Silice présente une performance catalytique considérable dans la réaction de Knoevenagel notamment sous irradiations micro-ondes. Cependant, le mécanisme réactionnel catalytique comporte toujours une ambiguïté car la plupart des études menées sur ce sujet proposent de différents mécanismes probables et souvent non confirmés. Le but visé dans ce chapitre est de mettre en évidence les différentes étapes du mécanisme réactionnel. Dans un premier temps, nous allons montrer l'influence des groupements fonctionnels de l'APS sur le rendement de la réaction, en prenant comme exemple la condensation du benzaldéhyde avec le malonitrile. Enfin, une étude mécanistique sera tentée sur la même réaction.

### III.A - Influence des groupements fonctionnels

La condensation du benzaldéhyde avec le malonitrile n'est pas aboutie en absence de catalyseur et même sous irradiation micro-ondes. Il est hors de doute que la présence de l'APS comme catalyseur hétérogène, est responsable de l'augmentation remarquable du rendement de la réaction. En revanche, ce catalyseur est composé de plusieurs groupements fonctionnels qui peuvent influencer le rendement et contribuer dans le mécanisme réactionnel, pour cela, nous allons étudier l'effet de chaque groupement fonctionnel séparément. Rappelons que l'Aminopropyl-Silice comporte des groupements amine primaire, des groupements silanol et siloxane.

### III.A.1 - Influence du groupement amine primaire

Nous avons effectué la condensation du benzaldéhyde avec le malonitrile sous micro-ondes, en présence de la silice pure comme catalyseur hétérogène. La seule différence entre l'APS et la silice, est l'absence des groupements aminopropyle dans la silice (figure III.1), cela permet de voir l'influence de la fonction amine primaire sur le rendement de la réaction de Knoevenagel :

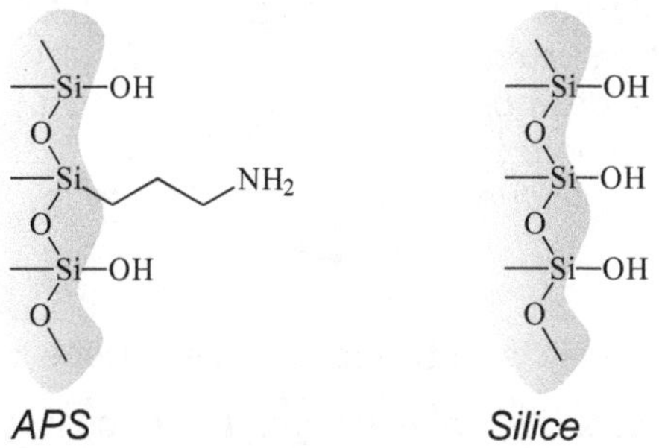

APS                                    Silice

**Figure III.1 : Structure chimique superficielle de l'APS et de la silice pure.**

La silice pure a été testée comme catalyseur hétérogène dans la réaction de condensation de Knoevenagel [115], en absence de solvant et sous irradiations micro-ondes, des rendements acceptables ont été obtenus :

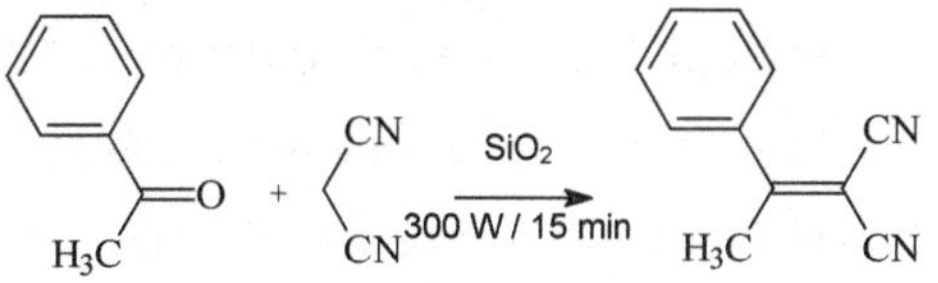

46 % [115]

Nous avons utilisé une silice dont les caractéristiques structurales diffèrent de celles de l'APS (voir tableau II.4 et III.1). Suivant le mode opératoire N°2, un rendement de 67 % est obtenu pour la condensation du benzaldéhyde avec le malonitrile :

67 %

Produit caractérisé par HPLC/IR
(A10 en annexe), $P_f$ = 83 - 85 °C
Pureté : 93%

**Tableau III.1 : Caractéristiques structurales de la silice utilisée.**

| Produit | $SiO_2$ |
|---|---|
| *Fournisseur* | Sigma-Aldrich 288519 |
| *Taille des particules* | 5 - 25 µm |
| *Volume total des pores* | 0,75 ml/g |
| *Taille du pore* | 60 A° |
| *Surface spécifique* | 500 m$^2$/g |

Dans une autre étude, la butylamine a été utilisée comme catalyseur hétérogène pour la réaction de Knoevenagel. Le terme « hétérogène » n'est pas justifié, car la butylamine est une amine primaire liquide qui forme une phase homogène avec le mélange réactionnel. Cependant, par une imprégnation de la butylamine dans la silice, on a pu former un catalyseur hétérogène noté « Si/$C_4H_9NH_2$ ». Les silices imprégnées avec des amines ont été utilisées pour l'adsorption des composés halogénés [139]. La méthode de préparation est simple, une quantité de 1 g de silice pure (prétraitée à 120 °C sous air pendant 2 heures) est ajoutée à une solution de 1,12 10$^{-3}$ mole de butylamine dans 50 ml d'éther, le mélange est agité jusqu'à l'évaporation totale de l'éther. La Si/$C_4H_9NH_2$ ainsi obtenue est utilisée pour catalyser la condensation du benzaldéhyde avec le malonitrile sous micro-ondes. Nous avons procédé selon le mode opératoire N°2, en rajoutant une étape de lavage du produit obtenu avec une solution d'acide HCl (10 %). Le rendement se trouve beaucoup plus amélioré (86%) par rapport à celui obtenu en utilisant la silice pure comme catalyseur hétérogène (67%).

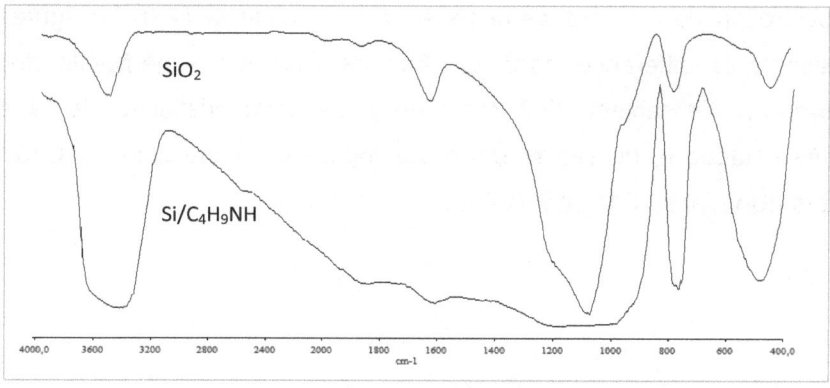

86 %

Produit caractérisé par HPLC/IR
(A11 en annexe), $P_f$ = 83 - 85 °C
Pureté :   87 %

Nous tenons à donner le spectre FT-IR de la Si/$C_4H_9NH_2$ dans la figure III.2, qui présente une bande large entre 3200 et 3600 cm$^{-1}$ interprétant les interactions entre les silanols et les groupements amine (Si—O—H---->NH$_2$—$C_4H_9$) [55, 65]. L'APS et la Si/$C_4H_9NH_2$ présentent une structure chimique superficielle comparable avec un même nombre de groupement amine (environs 1,111 10$^{-3}$ mole), néanmoins, dans la Si/$C_4H_9NH_2$, la liaison entre la butylamine et la surface de la silice ne est pas covalente. L'imprégnation est basée sur le phénomène physique d'adsorption (physisorption), la fixation des molécules de butylamine à la surface est assurée par la création de liaisons hydrogènes entre les groupements amine et les silanols [143] (figure III.3). Une éventuelle désorption des molécules de butylamine est très probable lors de l'utilisation de la Si/$C_4H_9NH_2$ comme catalyseur hétérogène dans la réaction de Knoevenagel.

**Figure III.2 : Spectre FT-IR de la Si/$C_4H_9NH_2$.**

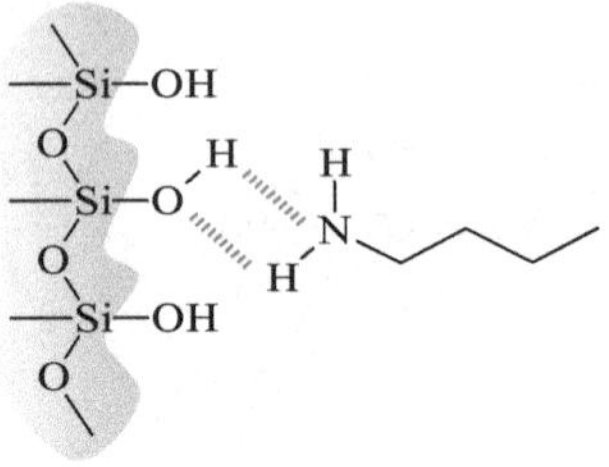

**Figure III.3 : Structure chimique superficielle de la Si/C₄H₉NH₂.**

## *III.A.2 - Influence des silanols*

Afin de montrer l'activité des silanols, nous avons effectué la condensation du benzaldéhyde avec le malonitrile en utilisant une silice greffée qui ne contient pratiquement aucun groupement silanol. Ce type de silices dites « end-capped » sont très employées comme phases stationnaires des colonnes HPLC, ainsi, nous avons profité de la poudre d'une colonne C18 end-capped pour catalyser la condensation précédente. Dans ce cas, la réaction n'a pas eu lieu. Par comparaison entre les spectres FT-IR des catalyseurs utilisés : APS, SiO₂, C18 (figure III.4), la faible intensité du pic caractéristique des silanols (entre 3600 et 3800 cm⁻¹) explique la faible concentration de ces groupements à la surface de la C18. La figure III.5 représente la différence dans la structure chimique superficielle de ces catalyseurs. Le tableau III.2 représente les caractéristiques de la silice greffée octadécyle utilisée et qui a été récupérée d'une colonne C18 type Waters μBondapak C18 (WAT025828).

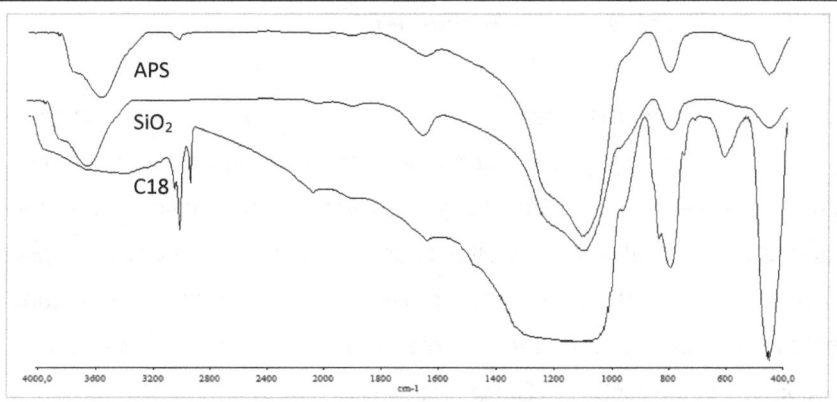

**Figure III.4 : Spectre FT-IR de l'APS, SiO₂ et C18.**

APS        SiO₂        C18

**Figure III.5 : Comparaison entre les structures chimiques superficielles des catalyseurs employés.**

**Tableau III.2 : Caractéristiques de la C18 utilisée.**

| Structure | Silice greffée Octadécyle |
|---|---|
| Ligand | Diméthyloctadécylsilane |
| Taux de carbone | 9,8 % |
| End capped | Oui |
| Activité des silanols | Faible |
| Forme des particules | Irrégulière |
| Taille des particules | 10 µm |
| Taille du pore | 125 A° |
| Surface spécifique | 330 m²/g |
| pH d'utilisation | 2 – 8 |

Références prises du site-web : www.waters.com

113

## III.B - Etude du mécanisme réactionnel

D'après les investigations qui ont été établies sur la catalyse de la réaction de Knoevenagel, on constate que selon la structure chimique du catalyseur hétérogène utilisé, le rendement de la réaction se trouve très influencé (voir tableau III.3). Cette différence dans les rendements peut être expliquée par l'intervention de plusieurs groupements chimiques, qui constituent le catalyseur, dans le mécanisme réactionnel catalytique de la réaction de Knoevenagel. Cette intervention peut être positive, en d'autre terme « une activation », ou bien négative « une désactivation ».

**Tableau III.3 : Evolution du rendement de la réaction de Knoevenagel en fonction du catalyseur utilisé.**

| Catalyseur | Rendement (%) | Pureté (%) |
|---|---|---|
| APS | 95 | 97 |
| $Si/C_4H_9NH_2$ | 86 | 87 |
| $SiO_2$ | 67 | 91 |
| C18 | 0 | -- |
| Butylamine | 74 * | 83 |
| Sans catalyseur | 0 | -- |

\* Conditions conventionnelles, sans solvant, réalisée à la température ambiante

Dans cette partie, nous allons essayer de mettre en évidence les différentes étapes du mécanisme réactionnel de la condensation de Knoevenagel catalysée par les amines primaires d'une part (catalyse homogène) et l'Aminopropyl-Silice d'autre part (catalyse hétérogène), en prenant comme référence les différents mécanismes proposés dans la littérature.

## III.B.1 - En catalyse homogène

Dans le cas de la catalyse homogène, nous avons montré que les amines primaires sont actives et peuvent catalyser la réaction de Knoevenagel. Ainsi, on a obtenu un rendement de 74 % pour la condensation du benzaldéhyde avec le malonitrile en présence d'une quantité catalytique de butylamine. D'après la littérature, le mécanisme réactionnel de cette condensation suit 2 chemins possibles :

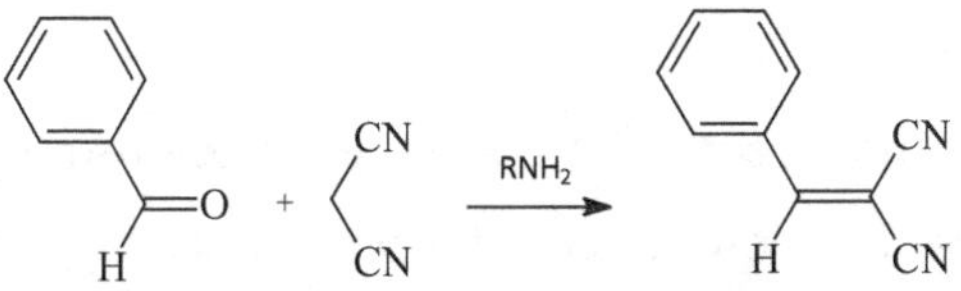

Soit, en passant par la formation d'une imine issue d'une réaction entre le benzaldéhyde et l'amine primaire, cette imine va immédiatement réagir avec le malonitrile pour conduire à un produit d'addition, ce dernier subit une élimination d'amine pour obtenir le produit de condensation [103]:

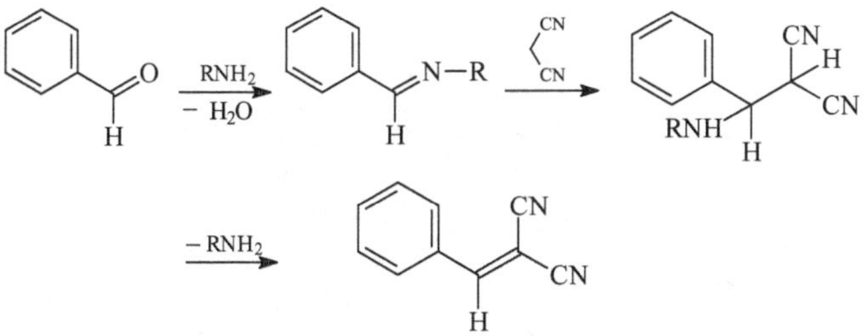

Soit, en passant par la formation d'un carbanion issu d'une réaction acido-basique équilibrée entre le malonitrile et l'amine primaire. Par son caractère nucléophile, ce carbanion attaque le benzaldéhyde en formant un alcoolate. L'alcoolate récupère le proton arraché par l'amine, cette dernière catalyse ainsi l'élimination de la molécule d'eau pour conduire au produit de condensation [101]:

À ce stade, on peut dire que le mécanisme réactionnel est principalement basé sur les deux intermédiaires, qui sont l'imine et le carbanion. Nous allons considérer ces deux entités chimiques comme un point de départ et nous essayerons d'arriver au produit de condensation, pour cela, la synthèse de ces deux intermédiaires sera anticipée ensuite chaque intermédiaire isolé va être testé vis-à-vis du réactif intervenant dans l'étape suivante du mécanisme réactionnel. Le schéma suivant, explique mieux le but de cette étude mécanistique :

116

### III.B.1.1 - Synthèse et réactivité de l'imine

**a) Synthèse :** Les imines sont formées par condensation d'un composé carbonylé (aldéhyde ou cétone) et une amine primaire (ou l'ammoniac $NH_3$). Une molécule d'eau sera éliminée lors de cette réaction. Selon le carbonyle utilisé, la réaction est plus ou moins déplacée vers le sens de formation de l'imine. Dans notre cas, un seul carbonyle sera étudié et qui est le benzaldéhyde, ce dernier est un aldéhyde aromatique très réactif vis-à-vis des amines primaires et conduit à des imines stabilisées par résonance. Les amines utilisées sont : la butylamine, la benzylamine et l'aniline.

$$R = C_4H_9\text{---}, \ PhCH_2\text{---}, \ Ph\text{---}$$

**Mode opératoire N°4 :**

Nous avons développé une méthode de synthèse très simple, en absence de solvant et à la température ambiante, un mélange équimolaire de benzaldéhyde et d'amine primaire $RNH_2$ (0,01 mole avec un léger excès en quantité d'amine) est introduit dans un tube à essai bouché et agité manuellement. La réaction est exothermique et quasiment instantanée (une durée de quelques secondes). À la fin, on remarque l'apparition de 2 phases, une phase organique qui constitue principalement l'imine formée et une phase aqueuse qui contient les molécules d'eau éliminées. Cette solution biphasée est traitée avec 10 ml d'un mélange hétérogène (50:50 en volume) de dichlorométhane et d'une solution aqueuse d'acide HCl (10 %), l'imine passe dans la phase organique de dichlorométhane qui sera décantée ensuite desséchée en utilisant le sulfate de sodium $Na_2SO_4$, après filtration le

117

solvant est évaporé pour récupérer l'imine pure. Les imines synthétisées sont regroupées dans le tableau III.4.

**Tableau III.4 : Les imines synthétisées.**

| Imine*<br>PhCH=NR | R | Etat physique et couleur | Analyse** (HPLC/IR) | Pureté (%) |
|---|---|---|---|---|
| | $C_4H_9$— | Liquide / jaune | A12 | 96 |
| | $PhCH_2$— | Liquide / jaune | A13 | 86 |
| | Ph— | Liquide / brune | A14 | 78 |

\* Mélange d'isomères géométriques E/Z. ** Les spectres IR et les chromatogrammes HPLC sont donnés en annexe.

*b) Réactivité :* La réaction des imines sur les méthylènes actifs a été rapportée dans la littérature. En présence d'un catalyseur spécifique et par chauffage au reflux dans l'éthanol, plusieurs imines aromatiques ont été testées et conduisent par réaction avec le malonitrile aux produits de condensation attendus, une molécule d'amine sera éliminée. Des rendements élevés ont été obtenus (entre 70 et 80 %) [140] :

$$R-CH=N-R' + \begin{matrix} CN \\ \\ CN \end{matrix} \xrightarrow[\text{Ethanol / Reflux}]{\text{Amberlite IRA}_{400} \text{ (OH)}} \begin{matrix} H \\ \\ R \end{matrix} \diagdown = \diagup \begin{matrix} CN \\ \\ CN \end{matrix} + R'-NH_2$$

*Mode opératoire N°5 :*

Nous avons essayé de faire réagir les imines synthétisées sur le malonitrile en absence de solvant et à la température ambiante. Un mélange équimolaire d'imine PhCH=NR et de malonitrile (0,01 mole) est introduit dans un tube à essai. À l'instant où le mélange est réalisé, on observe l'apparition d'un liquide visqueux, ce dernier sera traité avec 10 ml d'un mélange hétérogène (50:50 en volume) de dichlorométhane et d'une solution aqueuse d'acide HCl (10 %). Par décantation, on récupère la phase organique qui contient le produit de condensation, elle sera encore traitée avec 5 ml d'une solution aqueuse d'acide HCl (10 %). Après décantation, on récupère le produit de condensation par évaporation du dichlorométhane, la recristallisation se fait dans un mélange eau/éthanol (60:40 en volume), il sera ensuite filtré et séché sous vide. Le tableau III.5 présente les résultats de cette réaction :

$$R = C_4H_9\text{---}, PhCH_2\text{---}, Ph\text{---}$$

**Tableau III.5 : Réactivité des imines sur le malonitrile.**

| R | Rendement % | Analyse du produit obtenu par HPLC | Pureté (%) |
|---|---|---|---|
| $C_4H_9$— | 78 | A15 | 79 |
| $PhCH_2$— | 71 | A16 | 73 |
| Ph— | 46 | A17 | 71 |

### III.B.1.2 - Synthèse et réactivité du carbanion

*a) Synthèse et caractérisation spectroscopique :* Un carbanion est un ion dérivé d'un composé organique, qui possède une charge électrique négative sur un ou plusieurs atomes de carbone. En général, les carbanions sont des intermédiaires de réaction. Cependant, ils peuvent être isolés sous forme de sels organiques, comme par exemple les organométalliques définis comme étant un composé dans lequel il existe une liaison métal-carbone. Dans tous les cas le carbone porte une charge négative. On peut schématiser la représentation de la liaison entre le carbone et le métal (C—M) par les formes mésomères suivantes :

L'importance de la charge négative qui se développe sur l'atome de carbone dépend de l'électronégativité du métal ainsi que le solvant utilisé. On peut prévoir pour ces composés une réactivité basique et/ou nucléophile. Le tableau ci-dessous permet de classer les organométalliques selon le pourcentage du caractère ionique de la liaison C—M [141, 142].

**Tableau III.6 : Polarité de la liaison métal-carbone dans les organométalliques.**

| Elément | K | Na | Li | Mg | Al | Zn | Cd | Pb | Hg | Cu |
|---|---|---|---|---|---|---|---|---|---|---|
| Electronégativité | 0,82 | 0,93 | 0,98 | 1,31 | 1,61 | 1,65 | 1,69 | 1,87 | 2,00 | 2,5 |
| % Caractère ionique | 51 | 47 | 43 | 35 | 22 | 18 | 15 | 12 | 9 | 0 |

Dans notre étude sur la synthèse du carbanion, nous avons témoigné d'un ancien travail publié en 1927 sur la synthèse et l'utilisation du sodium-malonitrile comme intermédiaire dans une réaction de condensation avec l'acétoacétate d'éthyle. Il a été synthétisé suivant une réaction d'oxydoréduction entre le sodium métallique et le malonitrile dans l'éthanol ensuite porté à réagir avec l'acétoacétate d'éthyle *in situ* [144] :

## *Mode opératoire N°6 :*

Dans un tube à essai, nous avons introduit 0,23 g (0,01 mole) de sodium métallique dans 4 ml d'éther éthylique anhydre. Une quantité de 0,01 mole de malonitrile est versée progressivement dans le tube à essai qui contient le sodium. Le tube est bouché et agité manuellement après chaque addition de malonitrile. On observe ainsi un dégagement d'un gaz qui va nécessiter d'ouvrir le bouchon à chaque fois. Pendant le dégagement du gaz, une coloration bleu violâtre est apparue. Après 20 minutes, le dégagement gazeux devient moins important, par filtration, on élimine les coupons de sodium restant qui vont être récupérés dans l'huile de paraffine. La solution colorée est transvasée dans un cristallisoir, l'éther est laissé évaporer à l'air libre, on observe un mélange de cristaux colorés en bleu et en blanc.

Cette même procédure a été répétée en remplaçant le sodium métallique par le méthylate de sodium ($CH_3ONa$) et nous avons effectivement obtenu le même mélange précédent après 30 secondes. Les cristaux bleus disparaissent au contact de l'air après plusieurs heures.

Nous tenons à mentionner que nous n'avons pas pu séparer ce mélange, pour cela nous avons procédé à plusieurs tests chimiques et différentes techniques d'analyses spectroscopiques pour caractériser les produits obtenus.

### *Tests chimiques :*

**A -** Suivant le protocole expérimental N°6, après l'obtention du mélange de cristaux bleus et blanc, nous les avons dissous dans 5 ml d'eau, on observe ainsi une disparition de la coloration bleue après quelques minutes d'agitation. Le pH de la solution aqueuse devient basique (pH = 11,3 mesuré à l'aide d'un pH-mètre électronique). Par évaporation d'eau, on observe l'apparition de cristaux blancs qui vont être analysés en UV-visible et FT-IR (figure III.7 et III.9 respectivement).

**B** - Nous avons procédé par barbotage d'HCl gazeux dans la solution d'éther colorée en bleu, dans ce cas, la couleur bleu disparait au bout d'une minute, on voit aussi l'apparition d'un trouble blanc. Après l'évaporation de l'éther, on obtient des cristaux blancs qui vont être analysés en UV-visible et FT-IR (figure III.7 et III.9 respectivement).

**C** - Le même mode opératoire (N°6) a été répété en utilisant le méthylate de sodium à la place du sodium métallique, dans les solvants suivants : DMSO, DMF, dichlorométhane, acétonitrile, il s'agit de la même coloration bleue. La réaction dans l'eau n'a pas eu lieu et aucune couleur n'est observée.

*Caractérisation spectroscopique :*

La coloration bleue nous a séduit et nous avons opté pour l'étude de l'absorption du mélange de cristaux obtenus en UV-visible afin de caractériser les produits existants. Par comparaison avec le spectre UV-visible du malonitrile pur qui présente seulement un maximum d'absorption en UV vers 275 nm, nous avons localisé la bande d'absorption due à l'apparition de la couleur bleu vers 585 nm dans le domaine du visible. En employant le dichlorométhane ou l'eau comme solvant d'analyse, dans un spectrophotomètre UV-visible type JASCO, nous avons analysé plusieurs échantillons qui sont regroupés dans le tableau III.7 et dont les spectres sont donnés dans la figure III.6.

**Tableau III.7 : Etude des cristaux bleus en UV-visible**

| Echantillon | Solvant d'analyse | Concentration (mol/l) | N° du spectre UV-visible |
|---|---|---|---|
| Mélange de cristaux bleus et blancs | $CH_2Cl_2$ | 0,5 * | 1 |
| Mélange de cristaux bleus et blancs | $CH_2Cl_2$ | $10^{-4}$ | 2 |
| Malonitrile | $CH_2Cl_2$ | $10^{-4}$ | 3 |
| Mélange de cristaux bleus et blancs à t = 0 min | $H_2O$ | 0,5 * | 4 |
| Mélange de cristaux bleus et blancs à t = 12 min | | | 5 |
| Mélange de cristaux bleus et blancs | $H_2O$ | $10^{-4}$ | 6 |
| Malonitrile | $H_2O$ | $10^{-4}$ | 7 |

\* Concentration élevée pour l'étude dans le visible.

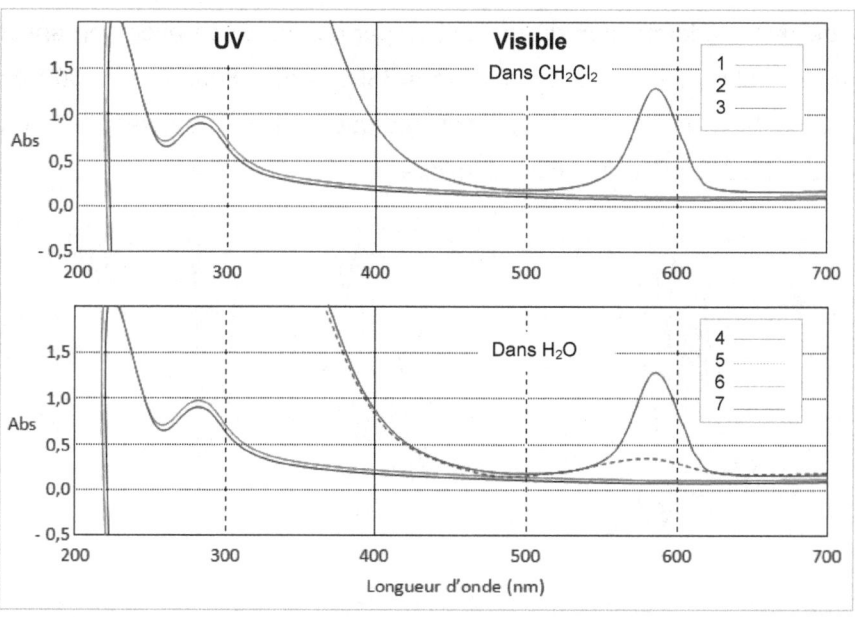

**Figure III.6 : Les spectres UV-visibles des différents échantillons.**

La figure suivante représente les spectres UV-visible des cristaux blancs obtenus suivant le test chimique A et B dont le dichlorométhane est utilisé comme solvant d'analyse, la concentration employée est de $10^{-4}$ mol/l :

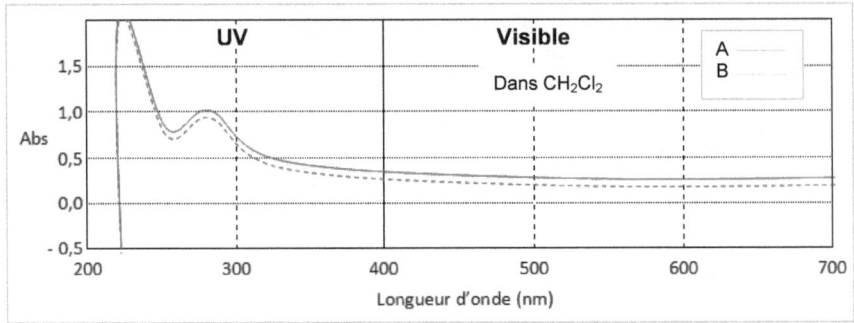

**Figure III.7 : Spectres UV-visible des cristaux obtenus suivant les tests chimiques A et B.**

Suite à des analyses par FT-IR, Le mélange de cristaux bleus et blancs montre une prédominance du malonitrile par comparaison avec son spectre FT-IR. En plus, de nouveaux pics vers 3850, 2100, 800, 700 et 560 $cm^{-1}$ (repérés dans la figure III.8) sont marqués et qui peuvent expliquer l'existence d'une nouvelle entité chimique.

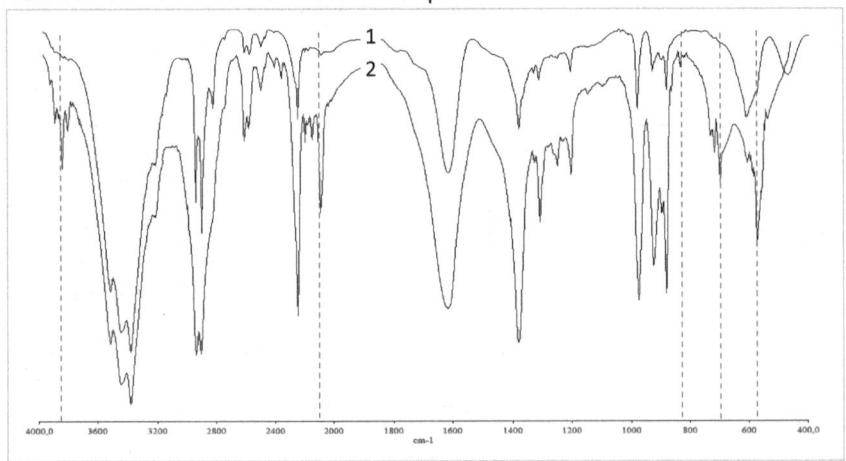

**Figure III.8 : Spectre FT-IR du malonitrile pur (1) et du mélange de cristaux obtenu (2).**

124

Ainsi, les spectres FT-IR des cristaux blancs obtenus suivant les tests chimiques A et B montrent qu'il s'agit du malonitrile par comparaison avec son spectre de référence. On note la disparition des pics vers 3850, 2100 et 700 cm$^{-1}$ (repérés dans la figure III.9).

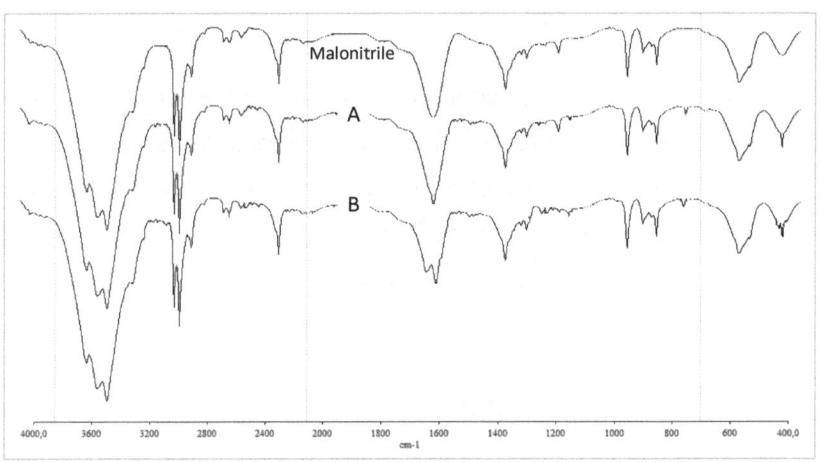

**Figure III.9 : Spectres FT-IR des cristaux obtenus suivant les tests chimiques A et B.**

D'après les tests chimiques et les analyses spectroscopiques qui ont été effectuées sur le mélange de cristaux bleus et blancs, on a conclu qu'il s'agit d'un mélange de malonitrile et du sodium-malonitrile, ce dernier représente les cristaux bleus. Pour confirmer la présence du sodium, nous avons effectué une analyse d'une solution aqueuse de ce mélange par ICP-AES qui est une technique permettant la détection des ions métalliques en solution aqueuse. Les résultats de cette analyse montrent l'existence de l'ion Na$^+$ provenant du sodium-malonitrile qui a été formé par suite d'une réaction équilibrée, en d'autre terme, l'équilibre est déplacé vers la formation du sodium-malonitrile par l'action du sodium métallique sur le malonitrile suivant une réaction d'oxydoréduction (1) ou par l'action du méthylate de sodium suivant une réaction acido-basique (2).

125

$$\underset{NC}{\overset{NC}{>}} + Na° \rightleftharpoons \underset{NC}{\overset{NC}{>}}CH^-, {}^+Na + \frac{1}{2} H_2\uparrow \qquad (1) \quad 43,2\,\%$$

$$\underset{NC}{\overset{NC}{>}} + CH_3ONa \rightleftharpoons \underset{NC}{\overset{NC}{>}}CH^-, {}^+Na + CH_3OH \qquad (2) \quad 26,4\,\%$$

En solution aqueuse, le sodium-malonitrile libère des ions $Na^+$ qui peuvent être dosés par ICP-AES. Nous avons exprimé les pourcentages des équilibres (1) et (2) par un calcul du nombre de mole d'ion $Na^+$ présent en solution (4,32 $10^{-3}$ mole et 2,64 $10^{-3}$ mole respectivement), La procédure d'analyse, ainsi qu'une présentation plus détaillée sur la technique ICP-AES sont données en annexe.

$$\underset{NC}{\overset{NC}{>}}CH^-, {}^+Na \xrightarrow{H_2O} \underset{NC}{\overset{NC}{>}} + (Na^+, {}^-OH)\,aq$$

Par mesure de conductivité dans le DMF, nous avons obtenu des valeurs plus grandes pour les mélanges de malonitrile et du sodium-malonitrile issus des équilibres (1) et (2) (tableau III.8) :

**Tableau III.8 : Mesures de conductivité des solutions équilibrées de malonitrile / sodium-malonitrile (Concentration = 0.5 mol/l).**

| Solution dans le DMF | Conductivité $(\mu S / cm^3)$ |
|---|---|
| DMF | 1,2 |
| Malonitrile | 27,7 |
| Malonitrile / Sodium-malonitrile (43 %) | 534,2 |
| Malonitrile / Sodium-malonitrile (26 %) | 475,1 |

Nous avons ainsi mesuré les pH des solutions précédentes dans l'eau et il se trouve que les solutions équilibrée (1) et (2) ont un caractère basique (tableau III.9).

**Tableau III.9 : Mesures du pH des solutions équilibrées de malonitrile / sodium-malonitrile (Concentration = 0.5 mol/l).**

| Solution dans l'eau | pH |
|---|---|
| Eau | 7,2 |
| Malonitrile | 6,1 |
| Malonitrile / Sodium-malonitrile (43 %) | 11,3 |
| Malonitrile / Sodium-malonitrile (26 %) | 8,8 |

L'utilisation du méthylate de sodium comme base assez forte et capable de déprotoner le malonitrile, nous a conduit à tester la force basique des amines primaires, autrement dit, l'aptitude de capter le proton acide du malonitrile. Pour cela, nous avons pensé à réaliser des mélanges équimolaires (0,01 mole) de malonitrile et d'amine primaire dans l'éther éthylique pour voir l'évolution de ces réactions, fortuitement, avec la butylamine ou la benzylamine, on observe l'apparition d'une couleur bleu verdâtre avec un dégagement de chaleur (exothermique). Ces observations n'ont pas été notées dans le cas de l'aniline. Cette couleur bleu apparaît en reprenant ces réactions dans d'autres solvants comme le dichlorométhane, le DMSO et le DMF.

Des analyses spectroscopiques ont été faites sur ces mélanges. Nous avons localisé par UV-visible la bande de la couleur bleu verdâtre observée dans la région du visible vers 584 nm, très proche du celle obtenue avec le sodium-malonitrile (585 nm). Le tableau III.10 représente les échantillons analysés par UV-visible, les spectres sont donnés dans la figure III.10. Les mesures de conductivité des solutions équimolaires de malonitrile et d'amine primaire dans le DMF, ont été faites et sont représentées dans le tableau III.11.

**Tableau III.10 : Etude de l'action des amines primaires sur le malonitrile en UV-visible.**

| Echantillon | Solvant d'analyse | Concentration (mol/l) | N° du spectre UV-visible |
|---|---|---|---|
| Butylamine + Malonitrile | $CH_2Cl_2$ | 0,5 * | 1 |
| Benzylamine + Malonitrile | $CH_2Cl_2$ | 0,5 * | 2 |
| Aniline + Malonitrile | $CH_2Cl_2$ | 0,5 * | 3 |
| Butylamine + Malonitrile | $CH_2Cl_2$ | $10^{-4}$ | 4 |
| Benzylamine + Malonitrile | $CH_2Cl_2$ | $10^{-4}$ | 5 |
| Aniline + Malonitrile | $CH_2Cl_2$ | $10^{-4}$ | 6 |

* Concentration élevée pour l'étude dans le visible.

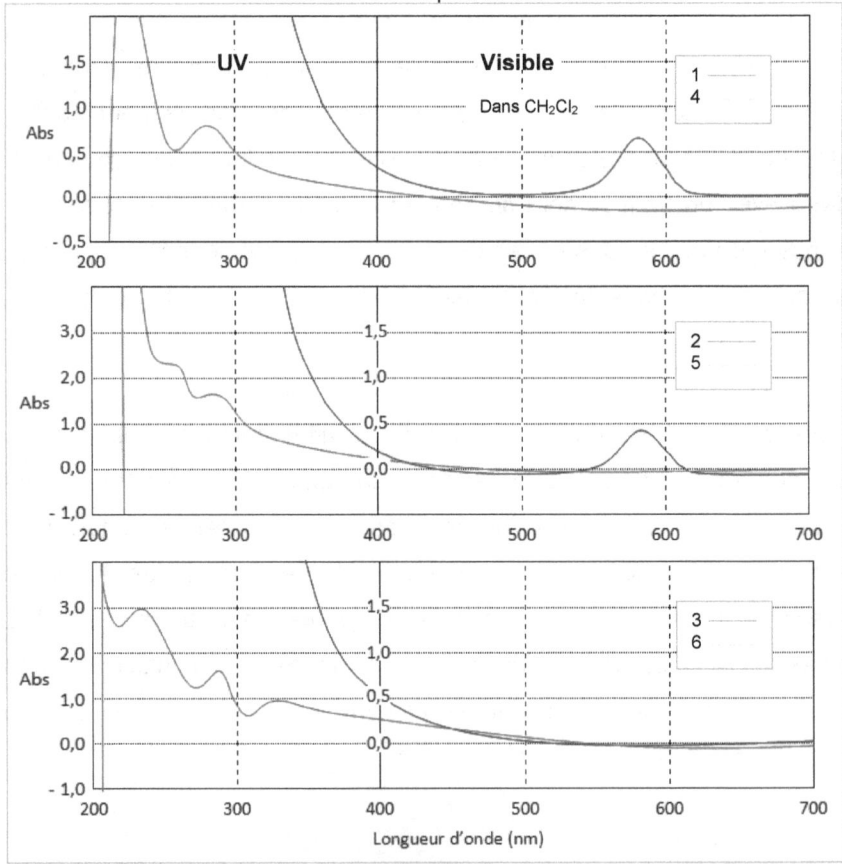

**Figure III.10 : Spectres UV-visible des échantillons malonitrile / amine primaire.**

**Tableau III.11 : Mesures de conductivité des solutions malonitrile / amine primaire (Concentration = 2 mol/l).**

| Solution dans le DMF | Conductivité $(\mu S / cm^3)$ |
|---|---|
| DMF | 1,2 |
| Malonitrile | 27,7 |
| Butylamine | 31,9 |
| Benzylamine | 22,4 |
| Aniline | 13,9 |
| Malonitrile / Butylamine | 234,7 |
| Malonitrile / Benzylamine | 176,1 |
| Malonitrile / Aniline | 54,9 |

*b) Réactivité :* Nous avons précédemment mentionné que les carbanions, en général, présentent une réactivité basique et/ou nucléophile. D'après le test chimique A, le sodium-malonitrile présente des propriétés basiques en milieu aqueux (pH > 7). Le but visé dans cette partie, est d'étudier la réactivité nucléophile du carbanion issu d'une déprotonation du malonitrile sur le benzaldéhyde pour obtenir le produit de condensation.

*Mode opératoire N°7 :*

Nous avons introduit des quantités équimolaires (0,01 mole) de méthylate de sodium et de malonitrile dans 20 ml d'éther éthylique anhydre. Après 30 secondes d'agitation, la coloration bleue du sodium-malonitrile est apparue, on élimine l'excès de méthylate de sodium par filtration (insoluble dans l'éther). Sur la solution d'éther colorée en bleu, on ajoute 0,01 mole de benzaldéhyde, sous agitation la coloration bleue disparait progressivement après 1 minute. Un volume de 20 ml d'eau est ajouté sur la solution éthérée, par un léger chauffage on exclut la phase organique (éther) et le produit de condensation cristallise dans l'eau (phase aqueuse). Il sera ensuite filtré et recristallisé dans un mélange eau/éthanol (60:40 en volume). Le pH de la phase aqueuse est basique 8,2. Par dosage en ICP-AES, on trouve une quantité de 2,58 $10^{-3}$ mole de sodium Na$^+$ en solution qui provient du sodium-malonitrile formé.

25,8 %                                                                    61 %

Produit caractérisé par HPLC
(A18 en annexe), $P_f$ = 83 - 85 °C
Pureté : 92 %

## III.B.2 - En catalyse hétérogène

D'après la littérature, l'Aminopropyl-Silice se comporte typiquement comme une amine primaire d'un point de vue réactivité chimique [32, 79]. En étudiant l'effet des différents groupements fonctionnels qui constituent la structure interne et superficielle de l'APS, nous avons noté une influence notable des fonctions amines primaires et des silanols résiduels dans l'amélioration du rendement de la réaction de Knoevenagel. On constate que ces groupements contribuent principalement dans le mécanisme catalytique de cette réaction. La littérature propose différents mécanismes réactionnels faisant intervenir les groupements amine et les silanols résiduels, nous tenons à rappeler les chemins réactionnels proposés et les références correspondantes :

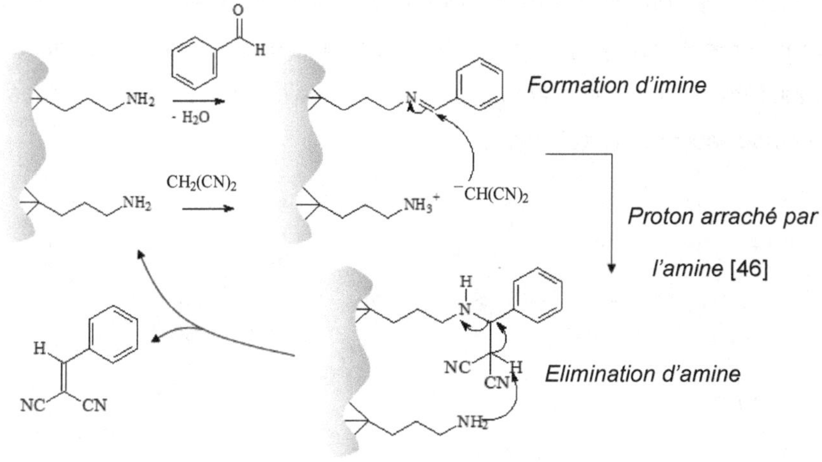
NH2
- H2O
CH2(CN)2
NH2
NH3+
-CH(CN)2
Formation d'imine
Proton arraché par
l'amine [46]
Elimination d'amine
NC
CN
H

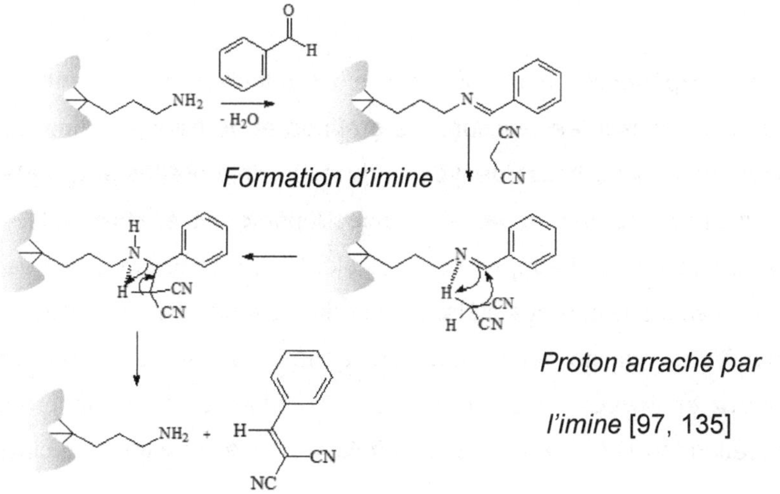
NH2
- H2O
Formation d'imine
CN
CN
Proton arraché par
l'imine [97, 135]

*Activité des silanols résiduels [93]*

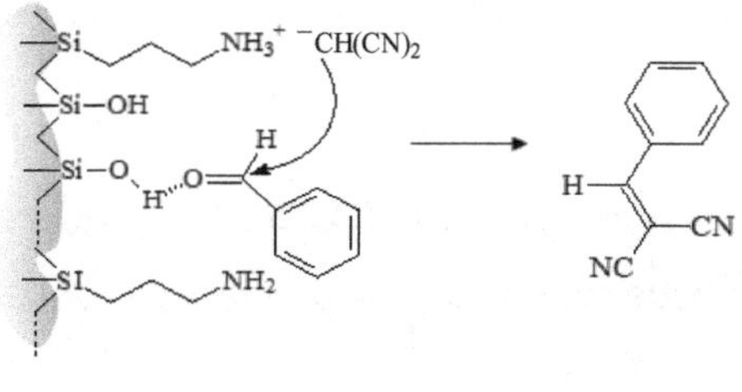
Si
NH3+
-CH(CN)2
Si—OH
Si—O
NH2
H
NC
CN

Dans ce chapitre, nous allons essayer de mettre en évidence le comportement catalytique de l'APS dans la réaction de condensation du benzaldéhyde avec le malonitrile. Notre travail consiste à étudier les deux chemins réactionnels suivants :

Dans l'expérience, nous avons repris la technique de synthèse sur colonne pour réaliser les réactions de greffage et de clivage. Pour exprimer les concentrations du benzaldéhyde et du malonitrile greffés à la surface de l'APS, nous avons fait appel à la spectrophotométrie UV-visible, après chaque réaction de greffage, on peut calculer les concentrations des espèces formées à l'aide des courbes d'étalonnage des réactifs utilisés (benzaldéhyde et malonitrile) qui sont données en annexe. Ainsi, par une analyse quantitative en HPLC, on a pu calculer le nombre de mole de produit de condensation formé (benzylidènemalonitrile) après les réactions de clivages.

**Mode opératoire N°8 :**

**Chemin N°1 :**

**a) Greffage du benzaldéhyde sur l'APS :** On prépare une solution de $10^{-3}$ mole de benzaldéhyde dans 20 ml d'éthanol (concentration de 0,05 mol/l). Cette solution est portée à réagir avec une quantité de 250 mg d'APS ($0,27\ 10^{-3}$ mole de site amine) placée à l'intérieure de la colonne (voir figure II.4). Le four est réglé à une température de 75 °C, la pompe est mise en marche à un débit de 1 ml/min. Chaque une heure, on prélève 10 µl de la solution du benzaldéhyde pour mesurer la concentration en UV-visible (dilution dans 25 ml d'éthanol). Cette opération est répétée jusqu'à l'obtention d'une concentration constante égale à 0,015 mol/l après 5 heures (figure III.11 voir aussi l'annexe).

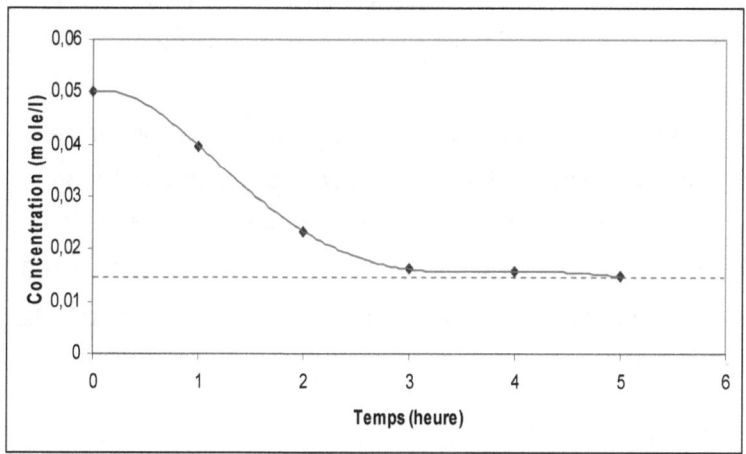

**Figure III.11 : Greffage du benzaldéhyde sur l'APS.**

Après l'opération du greffage, on procède au lavage de la poudre d'APS greffée avec le benzaldéhyde notée APSg, en employant 5 volumes de 10 ml d'éthanol injectés dans la colonne à l'aide de la pompe réglée à un débit de 9 ml/min (à température ambiante). La concentration du benzaldéhyde qui se trouve dans l'éthanol de lavage égale à ≈ $5,5\ 10^{-5}$ mol/l (tableau III.12 concentrations déterminées par UV, voir annexe).

**Tableau III.12 : Opération de lavage de l'APSg.**

| | Lavage 1 | Lavage 2 | Lavage 3 | Lavage 4 | Lavage 5 |
|---|---|---|---|---|---|
| Concentration du benzaldéhyde ($10^{-5}$ mol/l) | 4,97 | 0,46 | 0,0672 | 0,0072 | 0,0003 |

Le taux de greffage du benzaldéhyde dans l'APSg peut être calculé à partir des concentrations du benzaldéhyde restant :

$(0,05 - 0,015) - 5,5 \ 10^{-5} = 0,034945$ mol/l qui correspond à $\approx 0,7 \ 10^{-3}$ mole de benzaldéhyde greffé sur 250 mg d'APS, d'où : $0,7 \ 10^{-3} \times 4 = 2,8 \ 10^{-3}$ mol/g.

On remarque que cette valeur est supérieure à la valeur de $1,111 \ 10^{-3}$ mol/g qui représente le nombre de mole de site amine par 1 gramme d'APS. Le spectre FT-IR de l'APSg (après un prétraitement à 100 °C pendant 1 heure) montre la présence de nouveaux pics vers 3200, 2800, 1700, 1650 et 750 cm$^{-1}$ par comparaison avec le spectre de l'APS pure (figure III.12).

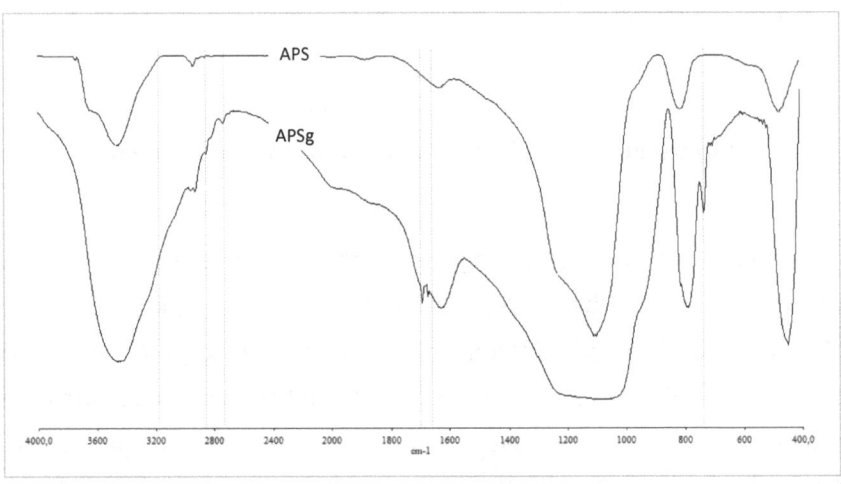

**Figure III.12 : Spectre FT-IR de l'APS pure et l'APS greffée avec du benzaldéhyde (APSg).**

*b) Clivage par malonitrile :* D'après le calcule de la concentration du benzaldéhyde greffé sur l'APS, on n'utilise que $0,7 \cdot 10^{-3}$ mole de malonitrile pour cliver le benzaldéhyde et obtenir le produit de condensation, pour cela on va opérer de la même façon, dans 20 ml d'éthanol on introduit la quantité de malonitrile nécessaire pour réagir avec l'APSg qui se trouve toujours dans la colonne. La pompe est réglée à un débit de 1 ml/min et la température du four est fixée à 75 °C. Après 5 heures, la solution d'éthanol obtenue est dosée par la méthode des ajouts en HPLC. Au préalable, on injecte 10 µl, on ajoute à cette solution 2 quantités connues $\Delta m$ du produit de condensation (benzylidènemalonitrile 97%) avant de les analyser de nouveau, ce qui entraine une variation de l'aire du pic $\Delta A$ (tableau III.13).

**Tableau III.13 : Méthode des ajouts.**

|  | Echantillon | Ajout de 20 mg | Ajout de 30 mg |
|---|---|---|---|
| Aire du pic (mAU) * | 23,87 | 30,22 | 33,59 |

* Chromatogramme HPLC A19 donné en annexe.

Si m est la masse contenue dans l'échantillon à analyser, on a :

$$(\Delta A/\Delta m) = A/m \text{ soit } m = A \times (\Delta m/\Delta A)$$

m = 23,87 x (10 / (33,59 - 30,22)) = 70,83 mg dans 20 ml de la solution d'éthanol.

Le nombre de mole du produit de condensation obtenu égal à $0,46 \cdot 10^{-3}$ ($1,84 \cdot 10^{-3}$ mol/g) correspond à $1,84 \cdot 10^{-3}$ mole de site actif par gramme d'APS et qui est supérieure au nombre de site amine dans l'APS ($1,111 \cdot 10^{-3}$ mol/g)

***Chemin N°2 :***

**a) *Greffage du malonitrile sur l'APS :*** On procède de la même façon que pour le greffage du benzaldéhyde, une quantité de $10^{-3}$ mole de malonitrile dans 20 ml d'éthanol (concentration de 0,05 mol/l) est portée à réagir avec 250 mg d'APS sur colonne. La réaction est contrôlée par spectrophotométrie UV-visible, une concentration constante égale à 0,037 mol/l est obtenue après 5 heures (figure III.13 voir aussi l'annexe). On obtient une concentration de 9,36 $10^{-5}$ mol/l après l'opération de lavage (tableau III.14 voir aussi l'annexe).

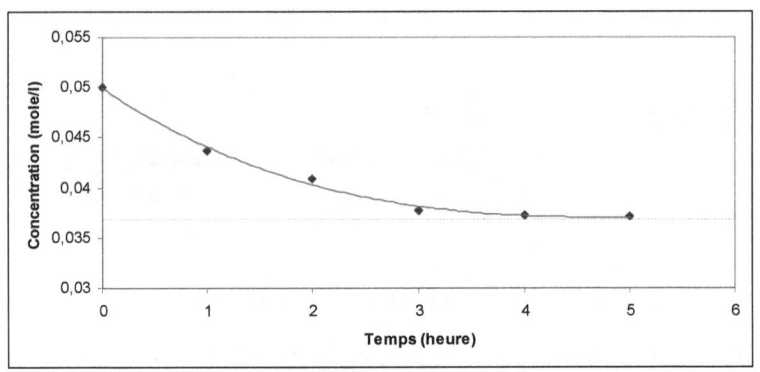

**Figure III.13 : Greffage du malonitrile sur l'APS.**

**Tableau III.14 : Opération de lavage de l'APSg'.**

|  | Lavage 1 | Lavage 2 | Lavage 3 | Lavage 4 | Lavage 5 |
|---|---|---|---|---|---|
| Concentration du malonitrile ($10^{-5}$ mol/l) | 8,69 | 0,63 | 0,036 | 0,0058 | 0,0012 |

Le taux de greffage du malonitrile sur l'APS peut être calculé à partir des concentrations restantes :

$(0,05 - 0,037) - 9,36 \ 10^{-5} = 0,012906$ mol/l qui correspond à $\approx 0,26 \ 10^{-3}$ mole de malonitrile greffé sur 250 mg d'APS d'où : $0,26 \ 10^{-3} \times 4 = 1,04 \times 10^{-3}$ mol/g.

Cette valeur est inférieure à la valeur de 1,111 $10^{-3}$ mol/g qui représente le nombre de site amine dans l'APS. L'APS greffée avec le malonitrile notée APSg' a été analysée en FT-IR (après un prétraitement à 100 °C pendant 1 heure, figure III.14), on note ainsi l'apparition de nouveaux pics vers 3200, 2200 et 1600 cm$^{-1}$.

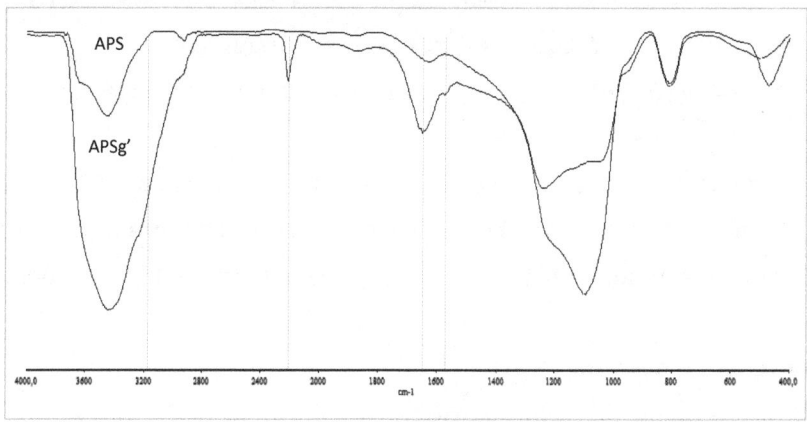

**Figure III.14 : Spectre FT-IR de l'APS pure et l'APS greffée avec du malonitrile (APSg').**

***b) Clivage par benzaldéhyde :*** On dissout une quantité de 0,26 $10^{-3}$ mole de benzaldéhyde dans 20 ml d'éthanol, cette quantité est juste suffisante pour cliver le malonitrile présent dans l'APSg' afin d'aboutir au produit de condensation. On procède de la même façon, après 5 heures, la solution est dosée en HPLC par la méthode des ajouts (tableau III.15) :

**Tableau III.15 : Méthode des ajouts.**

|  | Echantillon | Ajout de 20 mg | Ajout de 30 mg |
|---|---|---|---|
| Aire du pic (mAU) * | 7,94 | 11,32 | 14,71 |

* Chromatogrammes HPLC A20 donné en annexe.

Si m est la masse contenue dans l'échantillon à analyser, on a :

**(ΔA/Δm) = A/m soit m= A x (Δm/ΔA)**

m = 7,94 x (10 / (14,71 - 11,32)) = 23,42 mg dans 20 ml de la solution d'éthanol.

Le nombre de mole de produit de condensation obtenu égal à $0,15 \cdot 10^{-3}$ mole $(0,6 \cdot 10^{-3}$ mol/g) correspond à $0,6 \cdot 10^{-3}$ mole de site actif par gramme d'APS et qui est inférieure au nombre de site amine dans l'APS $(1,111 \cdot 10^{-3}$ mol/g).

**Résultats et discussion**

L'étude du comportement catalytique de l'Aminopropyl-Silice dans la réaction de Knoevenagel, nous a permis de connaitre le rôle capital assuré par la fonction amine greffée sur l'APS ainsi que les silanols résiduels. Nous avons traité l'influence de chaque groupement fonctionnel isolé (amine, silanols et siloxanes) sur le rendement de la réaction, qui dépend de la structure chimique du catalyseur employé, comme le montre la figure suivante :

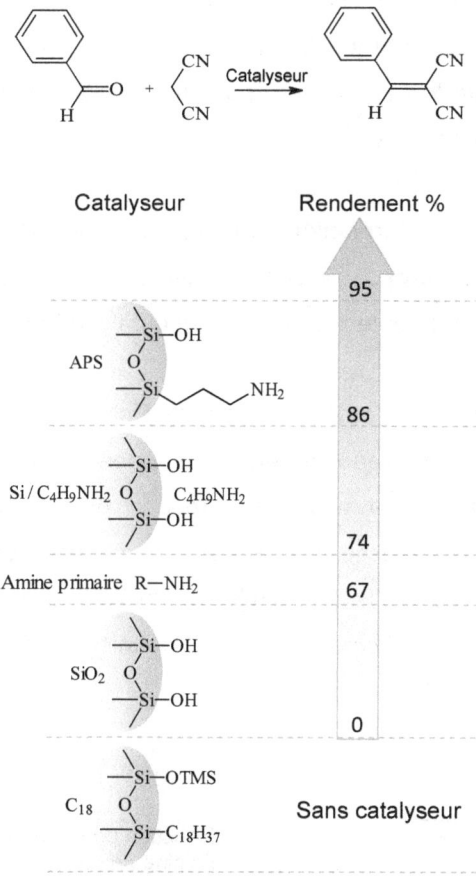

**Figure III.15 : Evolution du rendement de la réaction de Knoevenagel en fonction du catalyseur utilisé.**

D'après la figure III.15, on constate que les groupements siloxane seuls présents dans la C18 (silanols en très faible proportion), n'ont aucune influence catalytique sur la réaction de Knoevenagel. Les silanols constituent la partie active de la silice qui a été utilisée pour catalyser cette réaction, ainsi, la réunion de la fonction amine avec les silanols dans un seul matériau (Si/C$_4$H$_9$NH$_2$) augmente considérablement le rendement.

En conséquence, le groupement amine primaire n'est pas seul responsable de l'activité catalytique de l'APS dans la réaction en question, les silanols résiduels contribuent fortement dans cette activité. À ce niveau, nous comprenons que le mécanisme réactionnel catalytique fait intervenir à la fois ces deux groupements.

L'étude du mécanisme réactionnel catalytique, permet de confirmer les différents mécanismes proposés dans la littérature et d'éclaircir certaines ambigüités notamment dans le mécanisme en catalyse hétérogène.

En catalyse homogène de la réaction de Knoevenagel par les amines primaires, le mécanisme réactionnel est supposé suivre deux chemins possibles puisque l'amine primaire se comporte différemment vis-à-vis du carbonyle et du méthylène actif. Elle peut être nucléophile en se dirigent vers formation d'une imine avec le carbonyle (chemin 1), comme elle peut être basique et conduit à la formation d'un carbanion par déprotonation du méthylène actif (chemin 2) :

Réaction de Knoevenagel catalysée par l'amine primaire

**Chemin 1**

Caractère nucléophile de l'amine primaire

**Chemin 2**

Caractère basique de l'amine primaire

L'imine et le carbanion sont les principaux intermédiaires dans la condensation de Knoevenagel catalysée par l'amine primaire. Nous avons ainsi synthétisé et testé la réactivité de chacun de ces intermédiaire vis-à-vis du réactif intervenant dans l'étape suivante du mécanisme réactionnel :

**Chemin 1**

**Chemin 2**

Un exemple type de la réaction de Knoevenagel est la condensation du benzaldéhyde avec le malonitrile, qui a fait l'objet de notre étude mécanistique. Dans un premier temps, nous avons examiné la réactivité de l'imine issue de l'action des amines primaire sur le benzaldéhyde. Les imines obtenues sont stabilisées par résonance, la réaction est rapide et dure quelques secondes. Après l'isolation et la purification des imines, nous avons testé leurs réactivité avec le malonitrile, la réaction est aussi très rapide et conduit au produit de condensation attendu. Une molécule d'amine sera éliminée, dans la pratique, cette dernière est extraite sous forme d'un sel minéral par une solution aqueuse d'acide chlorhydrique (HCl).

On constate que l'imine est beaucoup plus réactive que le carbonyle, la preuve est que le benzaldéhyde ne peut pas directement réagir sur le

141

malonitrile sans catalyseur, cela explique que l'électrophilie du carbone se trouve beaucoup plus accentuée dans la liaison C=N (fonction imine). Ainsi, le premier chemin du mécanisme réactionnel est confirmée, « le passage par la formation d'une imine est obligatoire pour permettre l'attaque du méthylène actif et aboutir au produit de condensation attendu ».

Dans notre étude sur la synthèse et la réactivité du carbanion, l'arrachement du proton acide du malonitrile se fait par une réaction d'oxydoréduction en utilisant le sodium métallique ou par le méthylate de sodium suivant une réaction acido-basique. Ces réactions sont équilibrées et on n'obtient qu'une faible proportion en sodium-malonitrile.

Nous avons vu dans l'expérience que les réactions de déprotonation du malonitrile s'accompagnent d'un changement de couleur quelque soit le solvant utilisé (mis à part l'eau). Une coloration bleue est observée pour le sodium-malonitrile qui est un organométallique comportant une liaison métal-carbone à caractère ionique (47 % pour la liaison Na—C). Une charge négative se développe sur le carbone central, qui se trouve stabilisée par les effets inductifs attracteurs (-I) des deux groupements C≡N, ainsi qu'une forte résonance due aux effets mésomères attracteurs (-M) de ces mêmes groupements, par conséquent, la conjugaison est suffisamment étendue sur la chaine carbonique ce qui entraine un abaissement d'énergie et permettre au sodium-malonitrile d'absorber dans la partie visible du spectre (585 nm) (figure III.16). Le même phénomène a été observé dans la déprotonation du fluorène, qui un hydrocarbure suffisamment acide pour pouvoir être déprotoné par l'hydroxyde du sodium dans le DMSO, on obtient une solution de couleur rouge qui contient le carbanion fluorényle. Cet ion est stabilisé par résonance (le cycle central possède un caractère aromatique) ce qui permet l'absorption dans le visible [141].

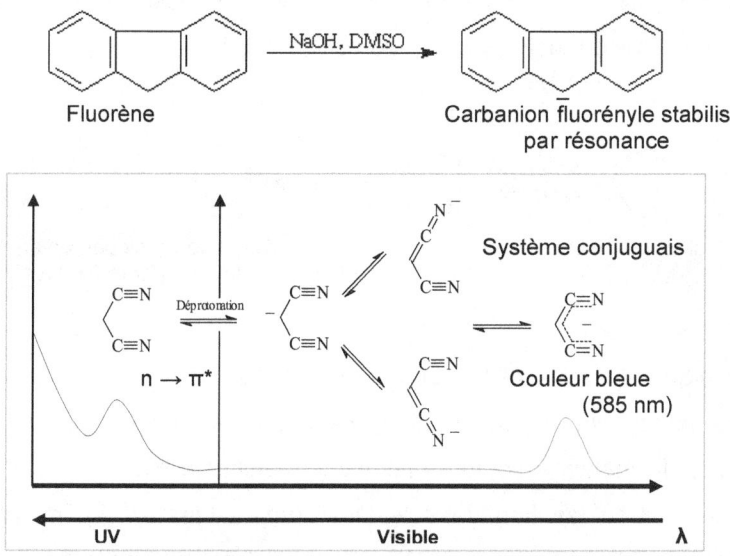

**Figure III.16 : L'absorption du sodium-malonitrile dans le visible.**

Par référence à un travail porté sur l'étude en FT-IR du composé sodium-cyclopentadiényle qui présente une liaison sodium-carbone impliquée dans un système conjuguais [147], le spectre FT-IR du mélange sodium-malonitrile et malonitrile (voir figure III.8), montre l'existence de nouveaux pics, vers 700 $cm^{-1}$ qui peut être attribué à la déformation hors du plan de la liaison $^-$C—H, ainsi, vers 800 $cm^{-1}$ qu'est attribuable à la déformation dans le plan du système conjuguais C—C—C. Ces pics caractéristiques n'ont pas été observés dans le spectre FT-IR du malonitrile pur. On a aussi noté une grande ressemblance avec le spectre FT-IR du mélange sodium-malonitrile/malonitrile, notamment les pics vers 2200 $cm^{-1}$ et 3000 $cm^{-1}$ qui sont propres aux vibrations d'élongation des liaisons C≡N et C—H respectivement [148, 149]. Concernant la liaison Na—C, elle peut être observée dans le domaine infrarouge lointain (inférieures à 400 $cm^{-1}$) vers

232 et 137 cm$^{-1}$ selon la référence [147] ce qui dépasse notre domaine spectral de l'infrarouge étudié (entre 4000 et 400 cm$^{-1}$).

Cyclopentadiène         Carbanion cyclopentadiényle
stabilisé par résonance

La technique de l'ICP-AES nous a permis de mettre en évidence la présence du sodium Na$^+$ dans le sodium-malonitrile, ainsi, l'augmentation de la conductivité du mélange sodium-malonitrile/malonitrile par rapport à celle du malonitrile pur en solution dans le DMF (voir tableau III.8), montre le caractère ionique de la liaison C—Na. Cette liaison est hydrolysable en solution aqueuse et provoque une augmentation du pH (caractère basique du carbanion). Le sodium-malonitrile est stable dans les solvants organiques, notamment, les solvants polaires aprotiques (DMSO, DMF, éther éthylique). Par un test chimique très simple, l'action de l'acide chlorhydrique HCl gazeux sur une solution de sodium-malonitrile dans l'éther conduit par protonation à un précipité insoluble dans l'éther qui est le sel chlorure de sodium NaCl, la couleur bleue disparait :

$$(NC)_2CH^-, Na^+ + HCl_{(g)} \longrightarrow (NC)_2CH_2 + NaCl_{(s)} \downarrow$$

La synthèse du sodium-malonitrile à pour but de tester la réactivité nucléophile du carbanion isolé, cependant, l'isolation et la purification de cette entité chimique s'avère très difficile et pour cela nous avons testé son action nucléophile sur le benzaldéhyde *in situ*. Le sodium-malonitrile réagit rapidement sur le benzaldéhyde en formant un alcoolate plus basique, qui peut déprotoner une autre molécule de malonitrile et engendrer de nouveau le carbanion, par hydrolyse le produit de condensation se forme et une molécule d'eau sera éliminée :

La faible nucléophilie du carbone central du malonitrile (le méthylène) ne lui permet pas d'attaquer le groupement carbonyle du benzaldéhyde. Le fait de déplacer l'équilibre vers la formation du carbanion (sodium-malonitrile) qui est plus nucléophile, la réaction démarre et on obtient le produit de condensation après hydrolyse et élimination d'eau. Les amines primaires telles que la butylamine et la benzylamine sont aussi capable de créer cet équilibre en solution. La couleur bleu apparue dans les solutions équimolaires d'amine primaire et de malonitrile met en évidence la présence de l'entité carbanion issue d'une déprotonation du malonitrile par l'amine primaire, ainsi, l'augmentation de la conductivité de ces solutions (voir tableau III.11) explique la présence des ions :

Nous avons confirmé par analyse en FT-IR que l'amine ne peut pas réagir sur le groupement C≡N (la présence du pic vers 2200 cm$^{-1}$ caractéristique de la liaison C≡N dans le spectre FT-IR, figure III.18), ainsi, par spectrométrie UV-visible, on a pu expliquer que la couleur bleue est due à la présence de l'entité carbanion indépendamment du contre ion (Na$^+$ ou RNH$_3^+$). Le pourcentage de l'équilibre acido-basique entre le malonitrile et la butylamine est exprimé approximativement par le rapport des absorbances relatives à la couleur bleue du carbanion-malonitrile (entre 600 et 580 nm) issu de l'action du méthylate de sodium sur le malonitrile (a) et l'action de la butylamine sur le malonitrile (b) :

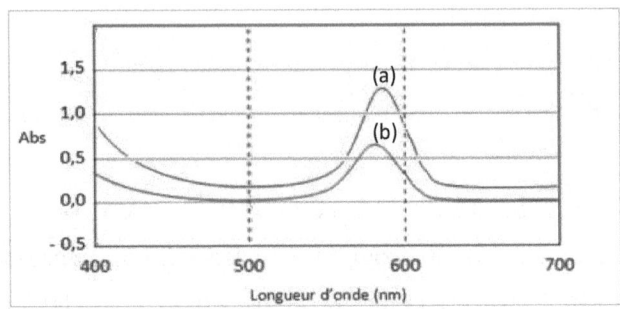

**Figure III.17 : Spectre UV-visible du carbanion-malonitrile.**

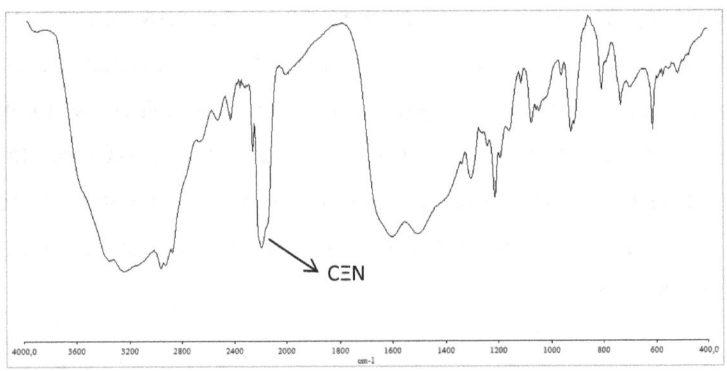

**Figure III.18 : Analyse en FT-IR de l'équilibre acido-basique entre le malonitrile et la butylamine.**

En conclusion, le caractère nucléophile de l'amine primaire est beaucoup plus important, voire prédominant par rapport à son caractère basique. Les amines primaires sont des bases faibles en solution aqueuse, cependant, nous avons constaté que leur force basique est assez suffisante pour déprotoner un méthylène actif tel que le malonitrile et conduire à la formation d'un carbanion nucléophile. Ce dernier attaque le benzaldéhyde pour obtenir le produit de condensation attendu, ce qui confirme la proposition du mécanisme réactionnel.

La connaissance exacte du mécanisme réactionnel de la condensation de Knoevenagel catalysée par l'amine primaire est essentielle pour étudier le comportement catalytique de l'Aminopropyl-Silice dans cette même réaction. Ce dernier renferme une fonction amine qui se comporte exactement comme il a été déjà prouvé en catalyse homogène.

En catalyse hétérogène de la réaction de Knoevenagel, l'amine primaire a été remplacée par l'APS et nous avons noté une augmentation remarquable du rendement de la réaction. D'un point de vue mécanistique, cette augmentation est fortement reliée à la présence d'un autre activateur catalytique, en plus de la fonction amine, dont le rôle est joué par les silanols résiduels présents à la surface de l'APS.

Par le même cheminement suivi en catalyse homogène, nous avons confirmé que l'APS peut fixer chimiquement des molécules de benzaldéhyde (greffage chimique ou chimisorption) en formant une imine par l'intermédiaire des groupements amines primaires, ainsi qu'une grande quantité de benzaldéhyde peut être fixée physiquement (physisorption) par l'intermédiaire des ponts hydrogène établis entre les silanols résiduels et les groupements carbonyle. Le spectre FT-IR de l'APS greffée avec du benzaldéhyde (voir figure III.12) montre la présence des pics caractéristiques des liaisons C=N de l'imine et C=O du carbonyle, vers 1650 et 1700 cm$^{-1}$ respectivement. La bande large apparue entre 3000 et 3600 cm$^{-1}$ montre la présence des silanols impliqués dans des liaisons hydrogènes avec les molécules de benzaldéhyde [65, 148, 149].

147

Suite à des analyses quantitatives, nous avons pu exprimer la concentration maximale de benzaldéhyde adsorbée sur la surface de l'APS ($2,8 \cdot 10^{-3}$ mol/g) qui est supérieure au nombre de groupements amine (taux de greffage de l'APS = $1,111 \cdot 10^{-3}$ mol/g). Si on considère que 100 % de site amine se transforme en imine (greffage covalent de benzaldéhyde), il existe plus de 60 % de la quantité de benzaldéhyde adsorbée qui reste fixée physiquement (greffage non-covalent) [42, 143]. Le benzaldéhyde s'adsorbe en plusieurs couches (maximum 5 couches) occupant le 1/3 du volume poreux de l'APS (1 ml/g) :

$$\text{Nombre de couche} = n \times N \times A / S_{APS} = 2,8 \cdot 10^{-3} \times 6,023 \cdot 10^{23} \times 85,3 \cdot 10^{-20} / 330 = 4,36$$

$$\text{Volume adsorbé} = n \times M / d = 2,8 \cdot 10^{-3} \times 106 / 1,045 = 0,28 \text{ ml/g}$$

n : concentration adsorbée (mol/g).
N : nombre d'Avogadro.
A : aire moléculaire ($A^{\circ 2}$) (calculé par un logiciel informatique ChemSW).
$S_{APS}$ : surface spécifique de l'APS ($m^2/g$).
M : masse moléculaire (mol/g)
d : densité

La désorption du benzaldéhyde greffé sur l'APS se fait par clivage en utilisant le malonitrile pour aboutir au produit de condensation. Nous savons déjà que l'imine réagit rapidement, on obtient ainsi $1,84 \cdot 10^{-3}$ mol/g de produit de condensation qui correspond au nombre total de site actif présent dans 1 gramme d'APS. Cette valeur étant supérieure au nombre de site amine (1,111 mol/g), expliquerait l'activité catalytique apportée par les silanols résiduels, notamment sur les molécules de benzaldéhyde physisorbées. La charge positive portée par l'atome de carbone électrophile du carbonyle est accentuée car le doublet $\pi$ est beaucoup plus attiré vers l'atome d'oxygène qui est engagé dans une liaison hydrogène avec un silanol acide. Cela permet au malonitrile de se fixer aisément et conduit par élimination d'une molécule d'eau au produit de condensation :

Par ailleurs, le malonitrile peut aussi être fixé sur la surface de l'APS, chimiquement par déprotonation en faisant intervenir la force basique des groupements amine primaire, ou physiquement par l'établissement de liaisons hydrogène avec les silanols. L'analyse en FT-IR de l'APS greffée avec du malonitrile (figure III.14) montre la présence de la liaison C≡N caractérisée par un pic intense vers 2200 cm$^{-1}$, ainsi, les perturbations apparues dans la région entre 3000 et 3600 cm$^{-1}$ explique la présence des silanols et des groupements $NH_2$ et $NH_3^+$. D'autres pics observés vers 1600 et 1550 cm$^{-1}$ représentent les bandes de vibration de déformation des groupements, $NH_2$ et $NH_3^+$ respectivement [64, 149].

Quantitativement, la concentration maximale de malonitrile adsorbée à la surface de l'APS est plus faible que celle du benzaldéhyde (1,04 10$^{-3}$ mol/g contre 2,8 10$^{-3}$ mol/g respectivement), elle est aussi inférieure au nombre de site amine présent dans l'APS (1,111 10$^{-3}$ mol/g). Le clivage du malonitrile par le benzaldéhyde donne 0,6 10$^{-3}$ mol/g de produit de condensation, cela explique que l'équilibre acido-basique entre le groupement amine primaire de l'APS et le malonitrile est faiblement déplacé vers la formation du carbanion, en outre, l'activité des silanols est moins importante à ce niveau.

Nous constatons que l'APS se comporte typiquement comme une amine primaire dans la catalyse hétérogène de la condensation de Knoevenagel. La présence des silanols résiduels exalte l'activité catalytique de l'APS par rapport à celle de l'amine primaire, ainsi, l'augmentation du nombre de site amine au détriment du nombre de site silanol diminue l'activité catalytique de l'APS [136]. D'après la littérature et les résultats de cette étude, une Aminopropyl-Silice ayant un taux de greffage entre 1 et 2 mmol/g possédant une activité de silanols élevée constitue un catalyseur efficace pour la condensation de Knoevenagel. En outre, il s'avère que cette réaction se déroule à la surface de l'APS (un phénomène de surface), donc, une surface spécifique plus grande, une taille des particules plus petite et un volume poreux plus important, favorisent l'obtention d'un rendement élevé. Par ailleurs, nous avons vu dans le chapitre précédent que les irradiations micro-ondes activent la surface de l'APS et permettent une forte adsorption des réactifs (chimisorption ou physisorption) et une désorption du produit de condensation.

Nous résumons le comportement catalytique de l'Aminopropyl-Silice vis-à-vis des réactifs de la condensation de Knoevenagel comme suit :

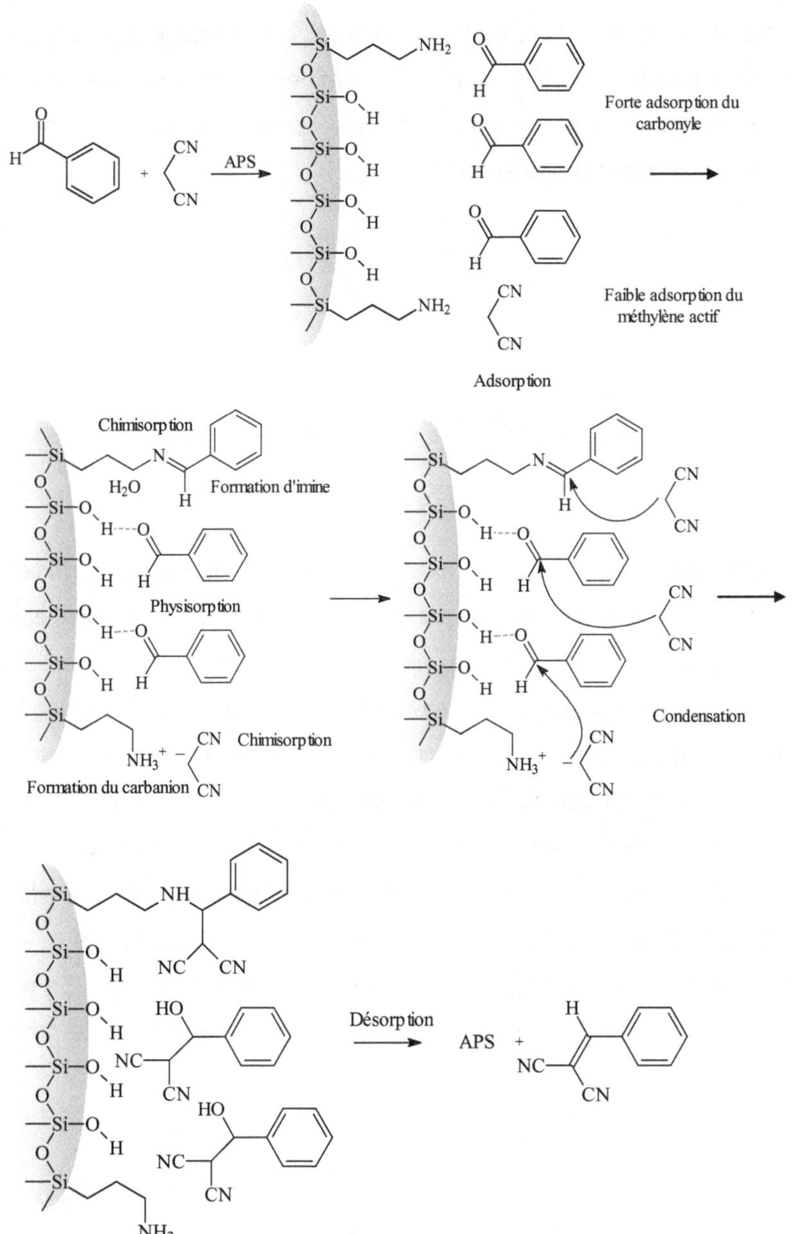

Forte adsorption du carbonyle

Faible adsorption du méthylène actif

Adsorption

Chimisorption

$H_2O$    Formation d'imine

Physisorption

Chimisorption

Formation du carbanion

Condensation

Désorption

APS +

151

Certains auteurs proposent l'attaque de l'imine formée par le carbanion, qui est statistiquement très probable, car la distance intermoléculaire entre deux groupements amine est assez suffisante (8 A° dans notre cas) pour permettre la migration du carbanion vers l'imine. Cette étape n'a pas été traitée en catalyse homogène par les amines primaires, car l'imine est suffisamment réactive et ne nécessite pas la déprotonation du méthylène actif pour subir l'attaque nucléophile.

L'APS est un adsorbant chimique très fort, elle permet la purification du produit de condensation obtenu, par la fixation de l'excès de benzaldéhyde ou de malonitrile. Le lavage de l'APS après chaque utilisation par des solvants organiques à des températures élevées, permet un recyclage de ce catalyseur. Une analyse en FT-IR d'une APS recyclée, nous a permis de contrôler sa stabilité chimique et de vérifier la désorption des molécules contaminant. Cette propriété d'adsorption lui cause une désactivation chimique à force d'usage dans les réactions de condensation de Knoevenagel. Quand il s'agit d'une chimisorption de molécules, la désorption sera difficile voire impossible, et le catalyseur devient moins actif. En général, la désactivation de l'APS peut avoir lieu quand la chimisorption de molécules conduit à une entité chimique stable [150] :

**Conclusion :** Les résultats de cette étude, expliquent le comportement catalytique de l'Aminopropyl-Silice dans la réaction de condensation de Knoevenagel. L'utilisation des outils de base de la synthèse organique ainsi que des méthodes spectroscopiques, nous a permit de confirmer le mécanisme réactionnel catalytique qui consiste en un passage par deux principaux intermédiaires réactionnels qui sont l'imine et le carbanion. Ce mécanisme a été largement proposé dans la littérature. En plus, nous avons montré le rôle capital que jouent les silanols résiduels dans l'activité catalytique de l'Aminopropyl-Silice, ce dernier se trouve beaucoup plus actif sous irradiations micro-ondes. Ce type de silice greffée a l'avantage d'être un catalyseur hétérogène efficace, recyclable et purifiant.

## CONCLUSION GENERALE ET PERSPECTIVES

L'étude réalisée a établi le comportement catalytique de l'Aminopropyl-Silice vis-à-vis des réactifs de la condensation de Knoevenagel qui sont le carbonyle et le méthylène actif.

On a envisagé les différentes interactions physiques et chimiques suivantes :

- Une adsorption physique ou physisorption des réactifs, qui consiste à fixer les molécules à la surface par établissement de liaisons hydrogènes ou par d'autres interactions hydrophobiques assurées par les groupements présents dans l'adsorbat (réactifs) et l'adsorbant (APS). En général le carbonyle est fortement adsorbé par rapport au méthylène actif.
- Une adsorption chimique ou chimisorption des réactifs, par création d'une liaison chimique avec la surface du catalyseur APS, grâce à la fonction amine primaire pouvant fixer le carbonyle sous frome d'imine et le méthylène actif sous forme de sel organique qui génère un carbanion.
- Activation catalytique à la surface des molécules adsorbées (chimiquement et physiquement) qui deviennent plus réactive et subissent la condensation.
- Désorption du produit de condensation obtenu après élimination d'une molécule d'eau.

Notre étude montre que le mécanisme réactionnel de la condensation de Knoevenagel catalysée par l'APS suit les différents chemins représentés comme suit :

## Chemin N°1 : Formation d'imine

## Chemin N°2 : Formation du carbanion

## Chemin N°3 : Activité des silanols

Une attention particulière a été portée sur l'effet des irradiations micro-ondes dans la réaction de Knoevenagel catalysée par l'APS. Cette technique pertinente permet de réduire le temps de réaction, d'augmenter l'activité catalytique de l'APS et d'économiser l'énergie. En outre, l'absence du solvant permet de respecter l'environnement et de faire de cette technique de synthèse organique un procédé de chimie verte.

Cette étude se situe dans le contexte de la synthèse organique en utilisant les catalyseurs hétérogènes. Elle permet de présenter quelques propositions de recherches de nouveaux catalyseurs à base de silice greffée susceptibles d'améliorer les procédés de synthèse organique à l'échelle du laboratoire ou l'industrie.

L'étude des mécanismes réactionnels a été effectuée pour un but pédagogique. Un mécanisme réactionnel a toujours été le résultat d'une chronologie de plusieurs étapes hypothétiques. L'utilisation des méthodes de synthèse organique et des techniques d'analyse spectroscopique de base, nous a permit de confirmer certaines étapes du mécanisme réactionnel de la réaction de Knoevenagel. Pour de futur projets, nous essayerons dans l'avenir d'utiliser des techniques d'analyse plus poussées telles que la RMN à l'état solide pour caractériser les intermédiaires formées à la surface de l'APS. Nous pouvons ainsi utiliser la technique de la LC/MS (ou HPLC/MS) pour réaliser des réactions de Knoevenagel en micro quantités de réactifs (carbonyle et méthylène actif) injectés dans une colonne $NH_2$, séparés sur une colonne C18 et détectés par spectroscopie de masse. Ce couplage entre synthèse, catalyse et analyse va permettre de prévoir les résultats d'une synthèse de Knoevenagel catalysée par l'Aminopropyl-Silice (présent dans la colonne $NH_2$) avant de passer à une production massive.

Enfin, la catalyse hétérogène dans la synthèse organique mérite d'être encore développée et d'être principalement utilisée, en particulier, dans les synthèses organiques industrielles, pharmaceutiques, alimentaires et autres afin de minimiser au maximum le taux d'impuretés et d'améliorer la qualité des produits obtenus.

1.      Chimie physique. Ph.Courrière, G.Baziard J.L.Stigliani. Elsevier Masson, (2002) pages 179-184.

2.      Chimie physique. P.William Atkins, M.Monnet, J.De Paula. De Boeck Université, (2004) page 999.

3.      Principles and practice of heterogeneous catalysis. John Meurig Thomas, W. J. Thomas. Wiley-VCH, (1997) pages 1, 66.

4.      Chimie générale pour ingénieur. Claude Friedli. PPUR presses polytechniques, (2002) page 106.

5.      Chemical modification of silica surface by immobilization of functional groups for extractive concentration of metal ions. P.K. Jal, S. Patel, B.K. Mishra. Talanta 62 (2004) 1005-1028.

6.      The chemistry of silica. R.K. Iler. Wiley, New York, (1979).

7.      Porous silica, its properties and use as a support in column Liquid chromatography K.K. Unger. Elsevier, Amsterdam, The Netherlands, (1979).

8.      Silicas in characterization of powder surfaces. D. Barby, in: G.D. Parfitt, G.S.W. Sing. Academic Press, London, UK, (1976) page 353.

9.      Controlled growth of monodisperse silica spheres in the micron size range. W. Stöber, A. Fink, E. Bohm, J. Colloid Interface Sci. 26 (1968) 62.

10.     Silica gel and bonded phases, their production, properties and uses in LC. R.P.W. Scott. Wiley, Chichester, (1993).

11.     Sol–Gel science. C.J. Brinker, G.W. Scherer. Academic Press, New York, (1989).

12.     New synthetic ways for the preparation of high-performance liquid chromatography supports. M.R. Buchmeiser, J. Chromatogr. A 918 (2001) 233.

13.     Synthesis and characterization of nanosilica prepared by precipitation method. P.K. Jal, M. Sudarshan, S. Patel, B.K. Mishra A. Saha. Colloids and surfaces A : Physicochem. Eng. Aspects 240 (2004) 173-178.

14.     The structural evolution of colloidal silica gels to ceramics. J.Y. Ying, J.B. Benzingen, A. Navrotsky, J. Am. Ceram. Soc. 76 (1993) 2571.

15.     Infrared spectra of surface compounds. A.V. Kiselv, V.I. Lygin, , Wiley, New York, (1975).

16.     Polarization of water molecules at a charged interface: second harmonic studies of the silica/water interface. S.W. Ong, X.L. Zhao, K.B. Eisenthal, Chem. Phys. Lett. 191 (1992) 327.

17.     Exchange of Na+ for the silanolic protons of silica. L.H. Allen, E. Matijevic, L. Meites, J. Inorg. Nucl. Chem. 33 (1971) 1293.

18.     Synthesis, amino-functionalization of mesoporous silica and its adsorption of Cr(VI) De Jiansheng Li, Xiaoyu Miao, Yanxia Hao, Jiangyan Zhao, Xiuyun Sun, Lianjun Wang Journal of Colloid and Interface Science 318 (2008) 309-314.

19.  P. Fink, H. Hartmut, G. Rudakoff, Wiss. Ztschr. FSU, Naturwiss. R. (German) 36 (1987) 581.

20.  Y. Dong, S.V. Pappu, Z. Xu, Anal. Chem. 70 (1998) 4730.

21.  Solute-solvent interactions on the surface of silica gel; III. Multilayer adsorption of water on the surface of silica gel. Scott R.P.W., Traiman .S. J. Chromatoraphy, 196 (1980) 193-205.

22.  D.W. Sindorf, G.E. Maciel, J. Am. Chem. Soc. 105 (1983) 1487.

23.  V.M. Ogenko, React. Kinet. Catal. Lett. 50 (1993) 103.

24.  Investigation of pore-size effects on base catalysis using amino-functionalized monodispersed mesoporous silica spheresa a model catalyst. Tomiko M. Suzuki, Masami Yamamoto, Keiko Fukumoto, Yusuke Akimoto, Kazuhisa Yano Journal of Catalysis 251 (2007) 249-257.

25.  Impact of thermal and hydrothermal treatments on structural characteristics of silica gel Si-40 and carbon/silica gel adsorbents.V.M Gun'Ko, J. Skubiszewska-Zieba, R. Leboda, V.V. Turov. Colloids and surfaces A : Physicochem. Eng Aspects 235 (2004) 101-111.

26.  Effect of the drying techniques on the morphology of silica nanoparticles synthesized via sol–gel process I.A. Rahman, P. Vejayakumaran, C.S. Sipaut, J. Ismail, C.K. Chee. Ceramics International 34 (2008) 2059-2066.

27.  Liquid chromatography for the analyst. Raymond Peter William Scott. Marcel Dekker, (1994) pages 51-70.

28.  Journal of chemical education, Décembre 1992, pages 877-978.

29.  Synthesis and characterisation of hybrid organic/inoraganic particles containinig organo-reactive groups for reversed-phase HPLC. J.Ding, A.Pelissey, D.Walsh, J.Cook, J.O'Gara. Waters corporation (2002).

30.  A review of Waters' bonded phase Shield technology and it's use in HPLC. Waters corporation (2000).

31.  Silane coupling agents. Plueddemann E. P. Plenum Press: New York, (1982).

32.  Catalysis of liquid phase organic reactions using chemically modified mesoporous inorganic solids. James H. Clark and Duncan J. Macquarrie Chem. Commun. (1998) 854-860.

33.  Aspect of surface modification, structure characterisation, thermal stability and metal selectivity of silica gel phases-immobilized-amine derivatives. M.E.Mahmoud, M.M.El-Essawi, S.A.Kholief, E.M.I.Fathalla. Analytica Chimica Acta 525 (2004)     123-132.

34.  Immobilization of 5-amino-1,3,4-thiadiazol onto silica gel surface by heterogeneous and homogeneous routes. A.G.S.Prado, J.A.A.Sales, R.M.Carvalho, J.C.Rubim, C.Airoldi. Journal of Non-Cristalline solides 333 (2004) 61-67.

35. Attachment of 2-aminoethylpyridine molecule onto grafted silica gel surface and it's ability in chelating cations. J.A.A.Sales, F.P.Faria, A.G.S.Prado, C.Airoldi. Polyhedron 23 (2004) 719-725.

36. Syntheses, characterization, and adsorption properties for metal ions of silica-gel functionalized by ester- and amino-terminated dendrimer-like polyamidoamine polymer Rongjun Qu, Yuzhong Niu, Changmei Sun, Chunnuan Ji,Chunhua Wang, Guoxiang Cheng. Microporous and Mesoporous Materials 97 (2006) 58-65.

37. Low-temperature reaction of trialkoxysilanes on silica gel : a mild and controlled methode for modifying silica surfaces. E.Péré, H.Cardy, V.Latour, S.Lacombe. Journal of Colloid and Interface Science. 281 (2005) 410-416.

38. Synthesis of fucntionalized porous silicas via templating method as heavy metals ion adsorbent : the intrduction of surface hydorphilicity onto the surface of adsorbents.B.Lee, Y.Kim, H.Lee, J.Yi. Microporous and Mesoporous Materials 50 (2001) 77-90.

39. Chromatographic evaluation of a new organic/inorganic hybrid reversed phase HPLC packing. B.Alden, C.Gendreau, P.Iraneta, T.Walter. Waters corporation (1999).

40. Les colonnes préparatives de technologie OBD. M.J.Mayer. Waters corporation (2008).

41. J. H. Clark, S. J. Tavener and S. J. Barlow, Chem. Commun. (1996) 2429.

42. Synthesis and characterisation of LIX-84 Noncovalently bounded silice sorbent for metal-ion recovery. C.Coopre, Y.S.Lin, M.Gonzalez. Ind. Eng. Chem. Res. 42 (2003) 1253-1260.

43. Chimie organique avancée. Francis A. Carey, Richard J. Sundberg, Monique Mottet. De Boeck Université, (1997) pages 464-465.

44. Understanding and creating polar retention using reversed-phase HPLC and hydrophilic interaction chromatography. Pictton Mars 2003. Waters corporation.

45. Effect of embedded polar groups on reversed –phase chromatographic behavior. E .S.P.Bouvier, B.A.Alden, T.H.Walter, J.E.O'Gara, U.D.Neue. Waters corporation (1998).

46. Design and preparation of organic-inorganic hybrid catalysts. A. P. Wight and M. E. Davis. Chem. Rev. 102 (2002) 3589-3614.

47. Synthesis, characterization and liquid chromatographic behaviours of a new chemically bonded liquid crystal. O. Ferroukhi, S. Guermouche, S. Sebih, M.H. Guermouche, P.Berdague, J.P. Bayle. Journal of Chromatography A, 971 (2002) 87-94.

48. Analytical investigation of the chemical reactivity and stability of aminopropyl-grafted silica in aqueous medium. Mathieu Etienne, Alain Walcarius. Talanta 59 (2003) 1173-1188.

49. Aqueous heavy metals removal by adsorption on amine-functionalized mesoporous silica. José Aguado, Jesús M. Arsuaga, Amaya Arencibia. Journal of Hazardous Materials 163 (2009) 213-221.

50. Effect of the protection of the residual aminopropyl groups of a chiral stationary phase based on (+)-(18-Crown-6)-2,3,11,12-tetracarboxylic Acid on the chiral resolution behaviors. Myung Ho Hyun, Young Hwa Kim, and Yoon Jae Cho. Bull. Korean Chem. Soc. Vol. 25, No. 3 (2004) 400-402.

51. Chiral separations methods and protocols. Gerald Gübitz Martin G. Schmid. Springer, (2004).

52. Amino groups immobilized on MCM-48: an efficient heterogeneous catalyst for the Knoevenagel reaction. Shu-Guo Wang. Catalysis Communications 4 (2003) 469-470.

53. Amine function linked to MCM-41 type silicas as a new class of solide base catalysts for condenstation reactions by D.Brunel M.Lapréras T.Llorett L.Chaves I.Rodriguez. Stud Surf Sci Catal 108 (1997) 75-82.

54. Knoevenagel and aldol condensations catalysed by a new diamino-functionalised mesoporous material. B.M.Choudary, M.Lakshmi Kantam, P.Sreekanth, T.Bandopadhyay, F.Figueras, A. Tuel. Journal of Molecular Catalysis A: Chemical 142 (1999) 361-365.

55. Catalytic applications of aminopropylated mesoporous silica prepared by a template-free route in flavanones synthesis Xueguang Wang, Yao-Hung Tseng, Jerry C.C. Chan, Soofin Cheng. Journal of Catalysis 233 (2005) 266-275.

56. Study of two grafting methods for obtaining a 3-Aminopropyltriethoxy-silane monolayer on silica surface A.Simon, T.Cohen-Bouhacina, M.C.Porté, J.P.Aimé, C. Baquey. Journal of Colloid and Interface Science 251 (2002) 278-283.

57. Structure of 3-aminopropyl triethoxy silane on silicon oxide. E.T.Vandenberg, L.Bertilsson, B.Liedberg, K.Uvdal, R.Erlandsson, H.Elwing, I.Lundström. Journal of Colloid and Interface science. 147 (1991) 103-118.

58. Functionalization of silica surfaces with mixtures of 3-aminopropyl and methyl groups Marco Luechinger, Roel Prins, Gerhard D.Pirngruber. Microporous and Mesoporous Materials 85 (2005) 111-118.

59. The essence of chromatography. C. F. Poole. Elsevier (2003) page 523.

60. One-pot synthesis of ordered and stable cubic mesoporous silica SBA-1 functionalized with amino functional groups Hsien-Ming Kao, Chia-Hsiu Liao, Arudra Palani, Yi-Chen Liao. Microporous and Mesoporous Materials 113 (2008) 212-223.

61. Surface properties of submicrometer silica spheres modified with aminopropyltriethoxysilane and phenyltriethoxysilane Zhijian Wu, Hong Xiang, Taehoon Kim, Myung-Suk Chun, Kangtaek Lee. Journal of Colloid and Interface Science 304 (2006) 119-124.

62. Direct synthesis of highly ordered amine-functionalized mesoporous ethane-silicas. Lei Zhang, Jian Liu, Jie Yang, Qihua Yang, Can Li. Microporous and Mesoporous Materials 109 (2008) 172-183.

63. Synthesis of organo-functionalized nanosilica via a co-condensation modification using aminopropyltriethoxysilane (APTES). I.A. Rahman, M. Jafarzadeh, C.S. Sipaut. Ceramics International. 35, 5, (2009) 1883-1888.

64. Inorganic–organic hybrid materials based on functionalized silica and carbon: A comprehensive understanding toward the structural property and catalytic activity difference over mesoporous silica and carbon supports. Ankur Bordoloi, Nevin T. Mathew, F. Lefebvre, S.B. Halligudi. Microporous and Mesoporous Materials 115 (2008) 345-355.

65. Catalytic activity of aminopropyl xerogels in the selective synthesis of (E)-nitrostyrenes from nitroalkanes and aromatic aldehydes. G. Sartori, F. Bigi, R. Maggi, R. Sartorio, D.J. Macquarrie, M. Lenarda, L.Storaro, S. Coluccia, G. Martra. Journal of Catalysis 222 (2004) 410-418.

66. FTIR, thermal analysis on organofunctionalized silica gel. José L. Foschiera, Tania M. Pizzolato, Edilson V. Benvenutti. J. Braz. Chem. Soc. Vol. 12, No. 2, (2001) 159-164.

67. Conformational and vibrational analysis of gamma-aminopropyltriethoxysilane. Lahorija Bistricic, Vesna Volovnek, Vladimir Dananc. Journal of Molecular Structure 834–836 (2007) 355-363.

68. Preparation, structure and thermal stability of onium- and amino-functionalized silicas for the use as catalysts supports. T. Kovalchuk, H. Sfihi, L. Kostenko, V. Zaitsev, J. Fraissard. Journal of Colloid and Interface Science 302 (2006) 214-229.

69. Functionalized silica for heavy metal ions adsorption. Laurence Bois, Anne Bonhommé, Annie Ribes, Bernadette Pais, Guy Raffin, Franck Tessier. Colloids and Surfaces A: Physicochem. Eng. Aspects 221 (2003) 221-230.

70. Study of the hydrolysis and condensation of 3-Aminopropyltriethoxy-silane by FT-IR spectroscopy. R.Pena-Alonso, F.Rubio, J.Rubio, J.L.Oteo. J Mater Sci 42 (2007) 595-603.

71. Synthesis of short-channeled amino-functionalized SBA-15 and its beneficial applications in base-catalyzed reactions. Sujandi, Eko Adi Prasetyanto, Sang-Eon Park. Applied Catalysis A: General 350 (2008) 244-251.

72. A $^{29}$Si and $^{13}$C CP/MAS NMR study on the surface species of gas-phase-deposited 3-Aminopropylalkoxysilanes on heat-treated silica. Satu Ek, Eero I. Iiskola, Lauri Niinisto. J. Phys. Chem. B 108 (2004) 11454-11463.

73. Atomic layer deposition of a high-density Aminopropylsiloxane network on silica through sequential reactions of 3-Aminopropyl-trialkoxysilanes and water. Satu Ek, Eero I. Iiskola,

Lauri Niinisto, Jari Vaittinen, Tuula T. Pakkanen, Jetta Keranen, Aline Auroux. Langmuir 19 (2003) 10601-10609.

74. Silica-supported Pd catalysts for Heck coupling reactions. Vivek Polshettiwara, Arpad Molnarb. Tetrahedron 63 (2007) 6949-6976.

75. Pore-expansion of organically functionalized monodispersed mesoporous silica spheres and pore-size effects on adsorption and catalytic properties. Tomiko M. Suzuki, Mamoru Mizutani, Tadashi Nakamura, Yusuke Akimoto, Kazuhisa Yano. Microporous and Mesoporous Materials 116 (2008) 284-291.

76. Chemical modification of silica-gel with hydroxyl- or amino-terminated polyamine for adsorption of Au(III). Rongjun Qu, Minghua Wang, Changmei Sun, Ying Zhang, Chunnuan Ji, Hou Chen, Yanfeng Meng, Ping Yin. Applied Surface Science 255 (2008) 3361-3370.

77. Effect of synthesis conditions on the mesoscopical order of mesoporous silica SBA-15 functionalized by amino groups. Qi Wei, Zuo-Ren Nie, Ya-Li Hao, Li Liu, Zeng-Xiang Chen, Jing-Xia Zou. J Sol-Gel Sci Techn 39 (2006) 103-109.

78. Structure of water in mesoporous organosilica by calorimetry and inelastic neutron scattering. Esthy Levy, Alexander I. Kolesnikov, Jichen Li, Yitzhak Mastai. Surface Science. 603, 1, (2009) 71-77.

79. Modified silicas for clean technology. Peter M. Price, James H. Clark, Duncan J. Macquarrie. J. Chem. Soc., Dalton Trans., 2000, 101-110.

80. Encyclopedia of Chromatography. Jack Cazes. CRC Press (2001) page 555.

81. Comprehensive Analytical Chemistry. Cecil L. Wilson, Ian Weeks, V. Balek, G. Svehla, Juraj Tölgyessy, David W. Wilson, Milan Marhol, E. Smolková-Keulemansová, L. Feltl. Elsevier (1984) 170.

82. Amino-bonded silica as stationary phase for liquid chromatographic determination of cyclopiazonic acid in fungal extracts. L. Monaci, A. Aresta, F. Palmisanoa, A. Viscontib, C.G. Zambonina. Journal of Chromatography A, 955 (2002) 79-86.

83. Determination of mono-, di-, and oligosaccharides in legumes by high-performance liquid chromatography using an amino-bonded silica column. M. Cortes Sanchez-Mata, M. José Penuela-Teruel, Montana Camara-Hurtado, Carmen Diez-Marqués, M. Esperanza Torija-Isasa. J. Agric. Food Chem. 46 (1998) 3648-3652.

84. Separation efficiencies in hydrophilic interaction chromatography. Tohru Ikegami, Kouki Tomomatsu, Hirotaka Takubo, Kanta Horie, Nobuo Tanaka Journal of Chromatography A, 1184 (2008) 474-503.

85. Separation of tetracycline antibiotics by hydrophilic interaction chromatography using an amino-propyl stationary phase. J.C.Valette, C. Demesmay, J. L.Rocca, E. Verdon. Chromatographia 59 (2004) 55-60.

86. HPLC purification of sticky peptides obtained from membrane proteins. K.A. Lerro, R. Orlando, H. Zhang, P.N.R. Usherwood, K. Nakanishi. Published by Waters corporation 1997.

87. Separation characteristics of Aminopropyl silica gels modified with copper-phtalocyanine as high performance liquida chromatography stationary phase. M.Mifune, Y.Mori, M.Onoda, A.Iwado, N.Motohashi, J.Haginaka, Y.Saito. The Japan society for analytical chemistry 14 (1998) 1127-1131.

88. A new method to immobilize enzyme and its application to the papain. Sun Sufang, Yang Gengliang, Liu Haiyan, Sun Hanwen, Liu Cuifen. Supported by the Natural Science Foundation of China and the Natural Science Foundation of Hebei Province (2002).

89. Functionalized mesoporous silicates for the removal of ruthenium from reaction mixtures. Kevin McEleney, Daryl P. Allen, Alison E. Holliday, and Cathleen M. Crudden. Org.Lett 8, 13 (2006) 2663-2666.

90. Amine-modified SBA-12 mesoporous silica for carbon dioxide capture: Effect of amine basicity on sorption properties. V. Zelenak, D. Halamova, L. Gaberova, E. Bloch, P. Llewellyn. Microporous and Mesoporous Materials 116 (2008) 358-364.

91. Amino and quaternary ammonium group functionalized mesoporous silica : An efficient ion-exchange method to remove anionic surfactant from AMS. Haoquan Zheng, Chuanbo Gao, Shunai Che. Microporous and Mesoporous Materials 116 (2008) 299-307.

92. Direct synthesis of amino-functionalized monodispersed mesoporous silica spheres and their catalytic activity for nitroaldol condensation. Tomiko M. Suzuki, Tadashi Nakamura, Keiko Fukumoto, Masami Yamamoto, Yusuke Akimoto, Kazuhisa Yano. Journal of Molecular Catalysis A: Chemical 280 (2008) 224-232.

93. Efficient bifunctional nanocatalysts by simple postgrafting of spatially isolated catalytic groups on mesoporous materials, Krishna K. Sharma, Tewodros Asefa. Angew. Chem. Int. Ed. 46 (2007) 2879-2882.

94. Solvent-free synthesis of flavanones over aminopropyl-functionalized SBA-15. Xueguang Wang, Soofin Cheng. Catalysis Communications 7 (2006) 689-695.

95. Direct synthesis of highly ordered large-pore functionalized mesoporous SBA-15 silica with methylaminopropyl groups and its catalytic reactivity in flavanone synthesis. Xueguang Wang, Yao-Hung Tseng, Jerry C.C. Chan, Soofin Cheng. Microporous and Mesoporous Materials 85 (2005) 241-251.

96. Applications of pore-expanded MCM-41 silica: 4. Synthesis of a highly active base catalyst. Dharani D. Das, Peter J.E. Harlick, Abdelhamid Sayari. Catalysis Communications 8 (2007) 829-833.

97. Functionalized micelle-templated silicas (MTS) and their use as catalysts for fine chemicals. Daniel Brunel. Microporous and Mesoporous Materials 27 (1999) 329-344.

98. Knoevenagel reaction in water catalyzed by amine supported on silica gel. Kohei Isobe, Takashi Hoshi, Toshio Suzuki, Hisahiro Hagiwara. Molecular Diversity 9 (2005) 317-320.

99. Organic–silicate hybrid catalysts based on various defined structures for Knoevenagel condensation. Yoshihiro Kubota, Yusuke Nishizaki, Hisanori Ikeya, Masami Saeki, Tetsunari Hida, Sachiko Kawazu, Michitaka Yoshida, Hidekazu Fujii, Yoshihiro Sugi. Microporous and Mesoporous Materials 70 (2004) 135-149.

100. A history of chemistry, Vol. IV. Partington, J.R. Macmillan and Co. Ltd.: London, (1964) page 838.

101. Mécanisme réactionnels en chimie organique. Reinhard Brückner, Jean Suffert, Jean-Jacques Suffert, Jean-Marie Lehn. De Boeck Université (1999) pages 372-376.

102. Carbon-carbon bond formation. Robert L. Augustine (1979) pages 69-70.

103. Cinétique et mécanisme de la réaction de knoevenagel dans le benzène-2: Réaction du malonitrile et de la (+) méthyl-3-cyclo-hexanone en présence d'une amine primaire pure et de son mélange avec l'acide acétique. Guyot, A. Kergomard. Tetrahedron 39, 7 (1983) 1167-1179.

104. Knoevenagel condensation of α-chloralose derivative. Gökhan Kök, Tamer Karayildirim, Kadir Ay, Emriye AY. 11th international electronic conference on synthectic organic chemistry (ECSOC-11). 1-30 November 2007.

105. 1,3-Diethyl-5-(2-methoxybenzylidene)-2-thioxodihydropyrimidine-4,6(1H,5H)-dione Abdullah Mohamed Asiri, Khaled Ahmed Alamry Abraham F. Jalboutb, Suhong Zhang. Molbank (2004) M359.

106. Coumarins - fast synthesis by the Knoevenagel condensation under microwave irradiation. Darek Bogdal. Institute of Organic Chemistry, Politechnika Krakowskaul. Warszawska 24, 31-155 Krakow, Poland.

107. Microwave enhanced knoevenagel reaction: an expeditious method to prepare 3-benzylidene-1,3-dihydroindol-2-ones. Julio A. Seijas, M. Pilar Vázquez Tato, M. Carmen Fernández, Nazaret Arias. 3rd international electronic conference on synthectic organic chemistry (ECSOC-3). 1-30 September 1999.

108. DBU: An efficient catalyst for Knoevenagel condensation under solvent free condition. Madhav Ware, Balaji Madje, Rajkumar Pokalwar, Gopal Kakade, Murlidhar Shingare. Catalysis Society of India 6 (2007) 104-106.

109. Knoevenagel condensation reaction catalyzed by task-specific ionic liquid under solvent-free conditions. Caibo Yue, Aiqin Mao, Yunyang Wei, Minjie Lu. Catalysis Communications 9 (2008) 1571-1574.

110. n-Butyl Pyridinium Nitrate as a Reusable Ionic Liquid Medium for Knoevenagel Condensation. Yi Qun LI, Xin Ming XU, Mei Yun ZHOU. Chinese Chemical Letters 14, 5, (2003) 448-450.

111. Amino-functionalized ionic liquid as an efficient and recyclable catalyst for Knoevenagel reactions in water. Yueqin Cai, Yanqing Peng, and Gonghua Song. Catalysis Letters. 109, 1-2, (2006) 61-64.

112. One-pot synthesis of 7-Hydroxy-3-carboxycoumarin in Water. Francesco Fringuelli, Oriana Piermatti, and Ferdinando Pizzo. Journal of Chemical Education. 81, 6 (2004) 874-876.

113. Tetrabutylammoniumbromide mediated Knoevenagel condensation in water: synthesis of cinnamic acids. Monika Gupta, Basant Purnima Wakhloo. Arkivoc (i) ISSN 1424-6376 (2007) 94-98.

114. The condensation of aromatic aldehydes with acidic methylene compounds in water. Da Qing Shi, Jing Chen, Qi Ya Zhuang, Xiang Shan Wang, Hong Wen Hu. Chinese Chemical Letters. 14, 12, (2003) 1242-1245.

115. Solvent-free and aqueous Knoevenagel condensation of aromatic ketones with malononitrile. Guan-Wu Wang, Bo Cheng. Arkivoc (x) ISSN 1424-6376 (2003) 4-8.

116. Catalyzed Knoevenagel reactions on inorganic solid supports: Application to the synthesis of coumarine compounds. Younes Moussaoui, Ridha Ben Salem. C. R. Chimie 10 (2007) 1162-1169.

117. Synthesis of ethyl a-cyanocinnamates catalyzed by $KF-Al_2O_3$ under ultrasound irradiation. Shu-Xiang Wang, Ji-Tai Li, Wen-Zhi Yang, Tong-Shuang Li. Ultrasonics Sonochemistry 9 (2002) 159-161.

118. A novel catalyst for the Knoevenagel condensation of aldehydes with malononitrile and ethyl cyanoacetate under solvent free conditions. Manoj B. Gawande, Radha V. Jayaram. Catalysis Communications 7 (2006) 931-935.

119. Highly accessible catalytic sites on recyclable organosilane-functionalized magnetic nanoparticles: An alternative to functionalized porous silica catalysts. Nam T. S. Phan, Christopher W. Jones. Journal of Molecular Catalysis A: Chemical 253 (2006) 123-131.

120. An investigation of Knoevenagel condensation reaction in microreactors using a new zeolite catalyst. Xiongfu Zhang, Emily Sau Man Lai, Rosa Martin-Aranda, King Lun Yeung. Applied Catalysis A: General 261 (2004) 109-118.

121. A polymeric heterogeneous catalyst based on polyacrylamide for Knoevenagel reaction in solvent free and aqueous media. Bahman Tamami, Abdulhamid Fadavi. Iranian Polymer Journal 15, 4, (2006) 331-339.

122. Knoevenagel condensation catalysed by poly(vinyl chloride) supported tetraethylenepentamine (PVC-TEPA) Fen Dong, Yi Qun Li, Rong Feng Dai. Chinese Chemical Letters 18 (2007) 266-268.

123. Retention mechanisms of polycylic aromatic nitrogen heterocyclics on bonded amino phases in normal-phase liquid chromatography. Håkan Carlsson Conny Östman. Journal of Chromatography A. 715, 1 (1995) 31-39.

124. Cinétique et mécanisme de la réaction de Knoevenagel dans le benzène : Réaction du malonitrile et de la (+) méthyl-3 cyclohexanone en présence d'amines tertiaire et secondaire pures ou en mélange avec des acides carboxyliques. J. Guyot, A. Kergomard. Tetrahedron. 39, 7, (1983) 1161-1166.

125. Modified SBA-1 materials for the Knoevenagel condensation under microwave irradiation. Maria D. Gracia, Maria J. Jurado, Rafael Luque, Juan M. Campelo, Diego Luna, Jose M. Marinas, Antonio A. Romero. Microporous and Mesoporous Materials. 118, 1-3, (2009) 87-92.

126. Microwave assisted three component Knoevenagel nucleophilic aromatic substitution reactions. Hui Xu, Xinhong Yu, Leying Sun, Jing Liu, Wen Fan, Yongjia Shen, Wei Wang. Tetrahedron Letters 49 (2008) 4687-4689.

127. Efficient MgBr2.OEt2 - catalyzed Knoevenagel condensation M. Saeed Abaee, Mohammad M. Mojtahedi, M. Mehdi Zahedi, Golriz Khanalizadeh. ARKIVOC (xv) ISSN 1424-6376 (2006) 48-52.

128. The ultrasound promoted Knoevenagel condensation of aromatic aldéhydes. J.McNuty, A.Jennifer, S.Wolf, Sonja Wolf. Tetrhedron letters 39 (1998) 8013-8016.

129. Synthesis of ethyl a-cyanocinnamates under ultrasound irradiation. Ji-Tai Li, Tong-Shuang Li, Li-Jun Li, Xi Cheng. Ultrasonics Sonochemistry 6 (1999) 199-201.

130. F. G. Bordwell. Acc. Chem. Res., 21 (1988) 456-463.

131. Intramolecular domino-Knoevenagel-hetero-Diels-Alder reaction with terminal acetylenes. Malihe Javan Khoshkholgh, Saeed Balalaie, Hamid R. Bijanzadeh, Jürgen H. Grossc. Arkivoc (ix) ISSN 1551-7012 (2009) 114-121.

132. Mild and ecofriendly tandem synthesis of 1,2,4-triazolo [4,3-a]pyrimidines in aqueous medium. Anshu Dandia, Pritima Sarawgi, Kapil Arya, Sarita Khaturia. ARKIVOC (xvi) ISSN 1424-6376 (2006) 83-92.

133. Synthesis of 3-aminopropyltriethoxysilane via catalytic hydrogenation of 2-cyanoethyltriethoxysilane. R. Kazimierczuk, W. Skupinski, B. Marciniec, J. Gulinski. Applied organometallic chemistry. vol. 14, 3 (2000) 160-163.

134. Controlled synthesis of the henry reaction products: nitroalcohol versus nitrostyrene by a simple change of amino-groups of aminofunctionalized nanoporous catalysts. Abhishek Anan, Rajyalakshmi Vathyam, Krishna K. Sharma, Tewodros Asefa. Catalysis Letters, Springer Science, 13 August 2008.

135. New trends in the design of supported catalysts on mesoporous silicas and their applications in fine chemicals. Daniel Brunel, Alexandre C. Blanc, Anne Galarneau, François Fajula. Catalysis Today 73 (2002) 139-152.

136. Angew. Chem. Int. Ed. Engl. 42, (2003) 5219-5222.

137. Control of heterogeneous catalyst selectivity via nanoscale materials design and synthesis. John D. Bass, Nicholas Parra-Vasquez, Sandra L. Anderson, Jessica L. Defreese, Alexander Katz. Department of Chemical Engineering, University of California at Berkeley, Berkeley, California 94720-1462, U.S.A.

138. Mesoporous silicates as green tools for organic synthesis. Y.Sugi, K.Komura, Y.Kubota. Malaysian journal of chemistry. 9, 1 (2007) 74-91.

139. Adsorption of orgainc halides on amine-impregnated silica gels. T.Ishikawa, N.Yamagami, S.Kondo. Bull. Chem. Soc. Japan, 59 (1986) 3729-3733.

140. Organic synthesis with anion-exchange resins: reaction of imines with active methylene compounds. Dilip Konwar, Dilip Kumar Dutta, Birendra Nath Goswami. J. Chem. Research (S), (1998) 342-343.

141. Les bases de la chimie des composés organométalliques. G. E. Coates, M. L. H Green P. Powell K. Wade. (Gauthier-Villars 1972).

142. La chimie organométallique. J.F. Normant. Bulletin de l'union des physiciens 797, octobre 1997.

143. Adsorption of organic molecules on silica surface. Sudam K. Parida, Sukalyan Dash, Sabita Patel, B.K. Mishra. Advances in Colloid and Interface Science 121 (2006) 77-110.

144. Condensation of ethyl acetoacetate with sodio-malonitrile. A view on the explanation of similar reaction. Yoshiyuki Urushibara. Bull. Chem. Soc. Japan, 2 (1927) 305-307.

145. Spectral database for organic compounds. IR Spectra : S.Kinugasa, K.Tanabe and T.Tamura (2008).

146. Les applications analytiques des plasmas. Trassy C. and Mermet J. M. Lavoisier, Paris, (1984).

147. Vibrational spectra and structure of the cyclopentadienyl-anion (Cp–), the pentamethylcyclopentadienyl-anion (Cp*–) and of alkali metal cyclopentadienyls CpM and Cp*M (M=Li, Na, K). Eva Bencze, Boris V. Lokshin, Janos Mink, Wolfgang A. Herrmann, Fritz E. Kuhn. Journal of Organometallic Chemistry 627 (2001) 55-66.

148. Infrared spectroscopy : Fundamentals and applications. Barbara Stuart. Wiley (2004).

149. Infrared characteristic group frequencies. G Socrates. Wiley, (2000).

150. Monitoring of the catalytic solid-liquid interface during heterogeneous Knoevenagel condensation using ATR-IR spectroscopy. Ronny Wirz, Davide Ferri, Alfons Baiker. 8093 Zurich, Switzerland.

## Annexes / A. Chromatogrammes HPLC

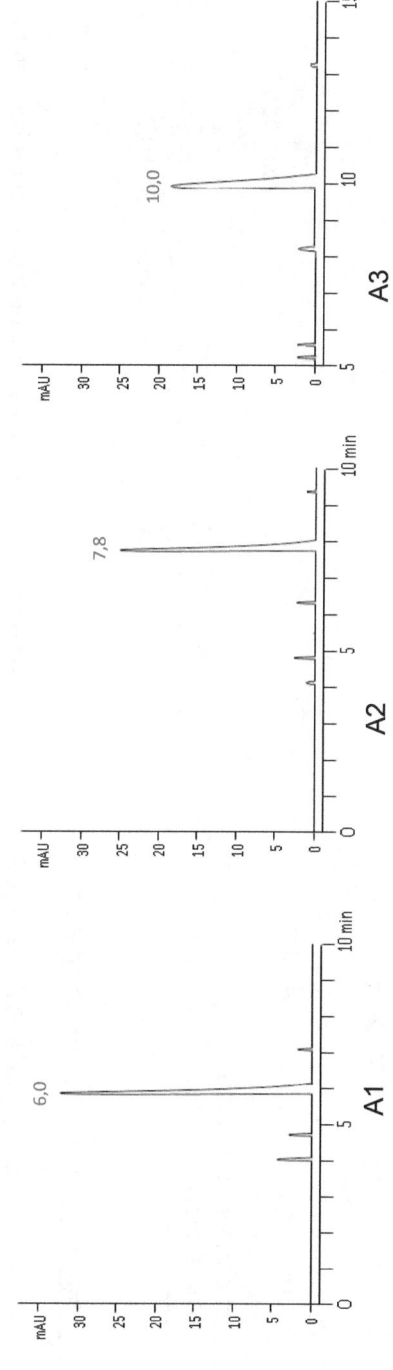

### Conditions chromatographiques :

Discovery C18 25cm x 4,6mm
Phase mobile : $CH_3CN/H_2O$ (60:40)
Débit : 2 ml/min
Température ambiante
Volume injecté : 10 µl
Détecteur : UV 254 nm

| | Nom du produit | Temps de rétention (min) |
|---|---|---|
| A1 | Benzylidènepropanedinitrile | 6,0 |
| A2 | 2-cyano-3-phénylprop-2-énoate d'éthyle (E/Z) | 7,8 |
| A3 | 2-cyano-3-(4-méthylphényl)prop-2-énoate d'éthyle (E/Z) | 10,0 |

**Echantillon :** 5 mg/ml dans la phase mobile

**Figure 1 : Analyse en HPLC des produits de condensation A1, A2, A3 issus d'une réaction de Knoevenagel catalysée par les amines primaires.**

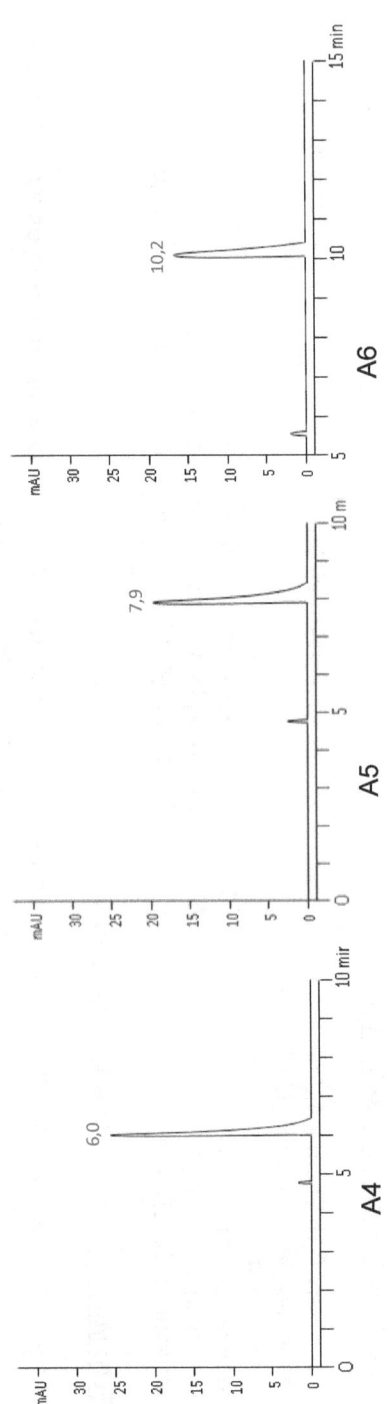

## Conditions chromatographiques :

Discovery C18 25cm x 4,6mm
Phase mobile : $CH_3CN/H_2O$ (60:40)
Débit : 2 ml/min
Température ambiante
Volume injecté : 10 µl
Détecteur : UV 254 nm

| | Nom du produit | Temps de rétention (min) |
|---|---|---|
| A4 | Benzylidènepropanedinitrile | 6,0 |
| A5 | 2-cyano-3-phénylprop-2-énoate d'éthyle (E/Z) | 7,9 |
| A6 | 2-cyano-3-(4-méthylphényl)prop-2-énoate d'éthyle (E/Z) | 10,2 |

**Echantillon :** 5 mg/ml dans la phase mobile

**Figure 2 : Analyse en HPLC des produits de condensation A4, A5, A6 issus d'une réaction de Knoevenagel catalysée par l'APS sous micro-ondes.**

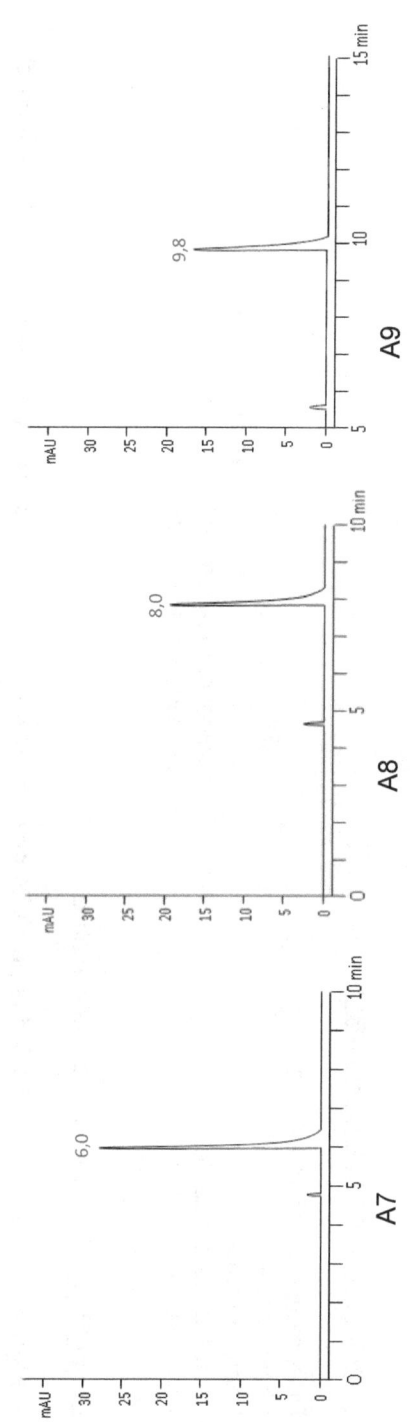

## Conditions chromatographiques :

Discorvery C18 25cm x 4,6mm
Phase mobile : CH₃CN/H₂O (60:40)
Débit : 2 ml/min
Température ambiante
Volume injecté : 10 µl
Détecteur : UV 254 nm

| | Nom du produit | Temps de rétention (min) |
|---|---|---|
| A7 | Benzylidènepropanedinitrile | 6,0 |
| A8 | 2-cyano-3-phénylprop-2-énoate d'éthyle (E/Z) | 8,0 |
| A9 | 2-cyano-3-(4-méthylphényl)prop-2-énoate d'éthyle (E/Z) | 9,8 |

**Echantillon :** 5 mg/ml dans la phase mobile

**Figure 3 : Analyse en HPLC des produits de condensation A7, A8, A9 issus d'une réaction de Knoevenagel catalysée par l'APS sur colonne.**

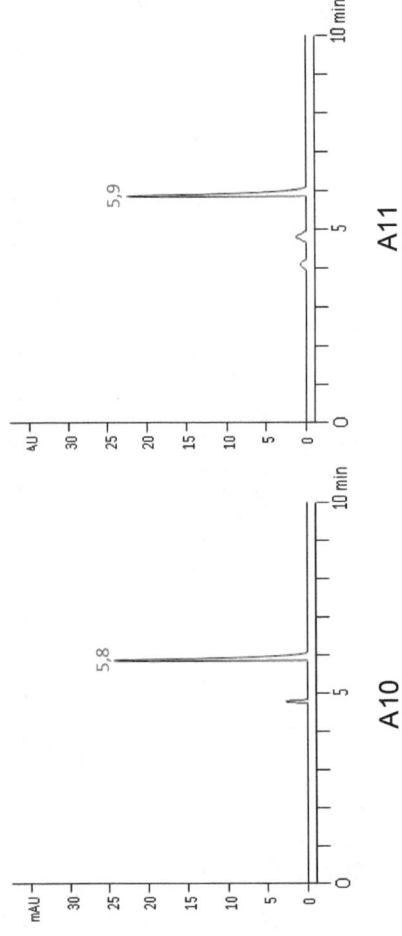

A10

A11

## Conditions chromatographiques :

Discorvery C18 25cm x 4,6mm
Phase mobile : CH$_3$CN/H$_2$O (60:40)
Débit : 2 ml/min
Température ambiante
Volume injecté : 10 µl
Détecteur : UV 254 nm

|     | Nom du produit | Temps de rétention (min) |
| --- | --- | --- |
| A10 | Benzylidènepropanedinitrile | 5,8 |
| A11 | Benzylidènepropanedinitrile | 5,9 |

**Echantillon :** 5 mg/ml dans la phase mobile

**Figure 4 : Analyse en HPLC des produits de condensation A10, A11 issus d'une réaction de Knoevenagel catalysée par SiO$_2$ et Si/C$_4$H$_9$NH$_2$ sous micro-ondes.**

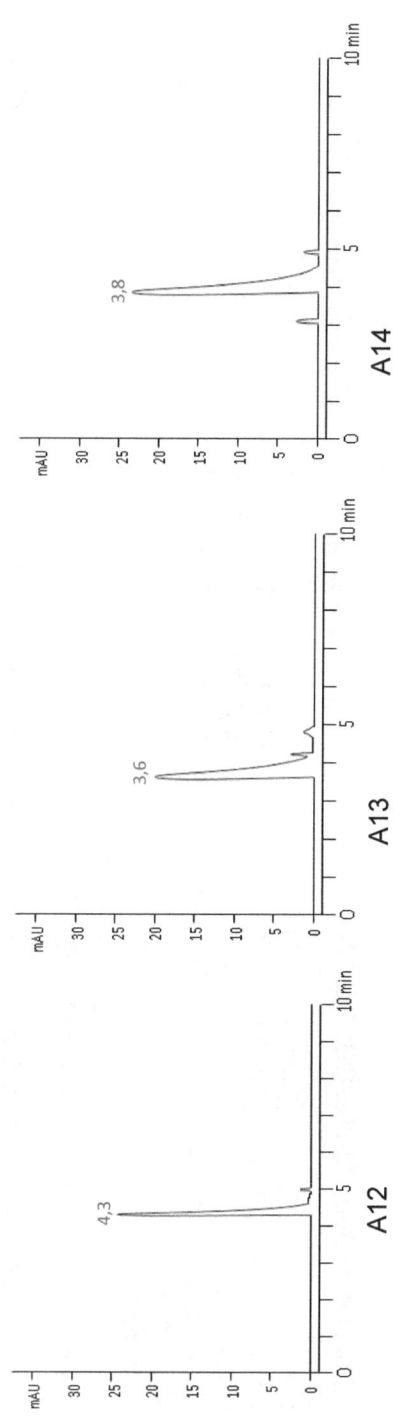

## Conditions chromatographiques :

Discorvery C18 25cm x 4,6mm
Phase mobile : CH₃CN/H₂O (60:40)
Débit : 2 ml/min
Température ambiante
Volume injecté : 10 μl
Détecteur : UV 254 nm

| | Nom du produit | Temps de rétention (min) |
|---|---|---|
| A12 | N-(phényléthylidène)butane-1-amine (E/Z) | 4,3 |
| A13 | 1-phényl-N-(phényléthylidène)méthanamine (E/Z) | 3,6 |
| A14 | N-(phényléthylidène)aniline (E/Z) | 3,8 |

**Echantillon :** 1 μl/ml dans la phase mobile

**Figure 5 : Analyse en HPLC des imines A12, A13, A14.**

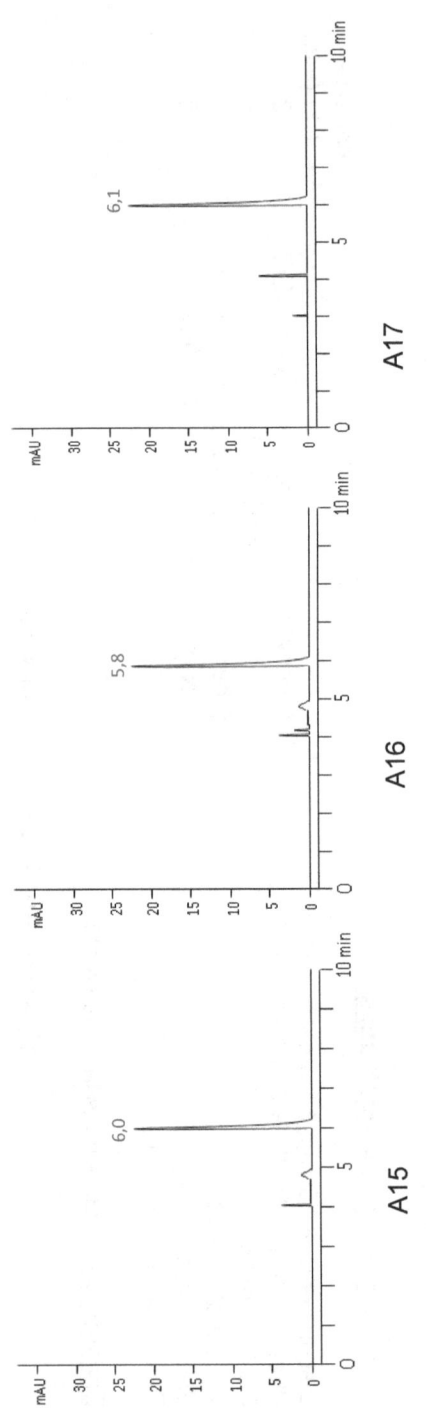

A15      A16      A17

| | Nom du produit | Temps de rétention (min) |
|---|---|---|
| A15 | Benzylidènepropanedinitrile | 6,1 |
| A16 | Benzylidènepropanedinitrile | 5,8 |
| A17 | Benzylidènepropanedinitrile | 6,1 |

## Conditions chromatographiques :

Discovery C18 25cm x 4,6mm
Phase mobile : CH$_3$CN/H$_2$O (60:40)
Débit : 2 ml/min
Température ambiante
Volume injecté : 10 µl
Détecteur : UV 254 nm

**Echantillon :** 5 mg/ml dans la phase mobile

**Figure 6 : Analyse en HPLC des produits de condensation A15, A16, A17 issus de la condensation de l'imine sur le malonitrile.**

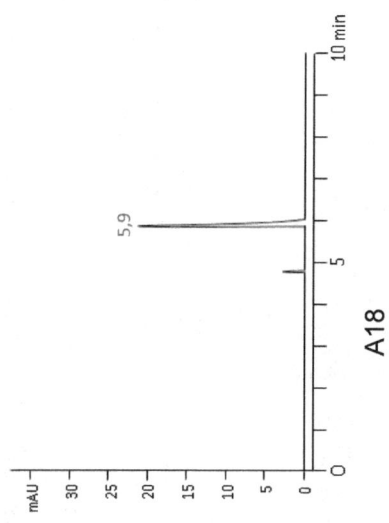

A18

**Conditions chromatographiques :**

Discorvery C18 25cm x 4,6mm
Phase mobile : $CH_3CN/H_2O$ (60:40)
Débit : 2 ml/min
Température ambiante
Volume injecté : 10 µl
Détecteur : UV 254 nm

| | Nom du produit | Temps de rétention (min) |
|---|---|---|
| A18 | Benzylidènepropanedinitrile | 5,9 |

**Echantillon :** 5 mg/ml dans la phase mobile

**Figure 7 : Analyse en HPLC du produit de condensation A18 issu d'une réaction du sodium-malonitrile sur le benzaldéhyde.**

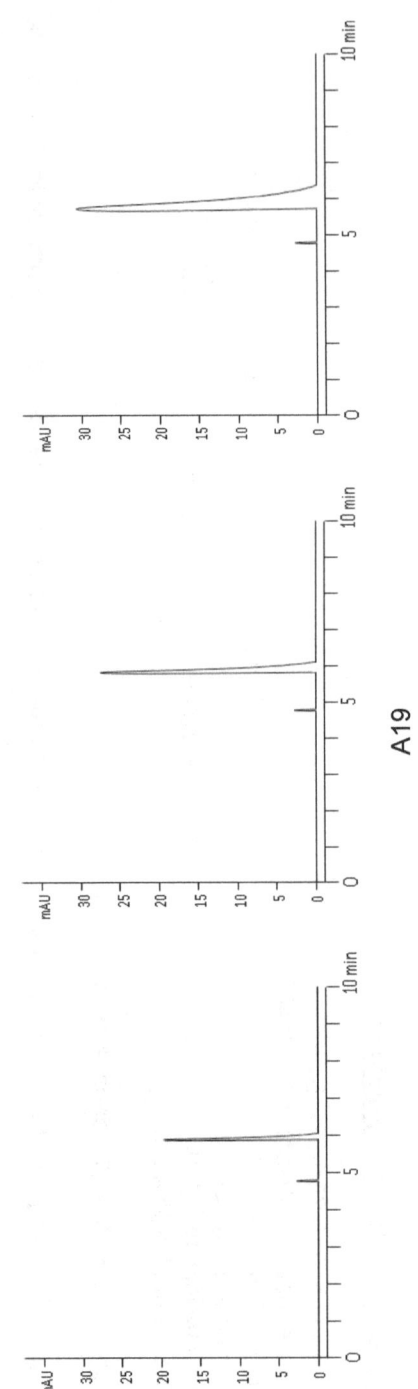

A19

## Conditions chromatographiques :

Discovery C18 25cm x 4,6mm
Phase mobile : $CH_3CN/H_2O$ (60:40)
Débit : 2 ml/min
Température ambiante
Volume injecté : 10 µl
Détecteur : UV 254 nm

| | Aire du pic (mAU) | Temps de rétention (min) |
|---|---|---|
| Echantillon | 23,87 | 6,0 |
| Ajout de 20 mg | 30,22 | 6,0 |
| Ajout de 30 mg | 33,59 | 6,0 |

**Echantillon :** 10 µl de la solution d'éthanol.

**Figure 8 : Méthode des ajouts : analyse quantitative du produit de condensation A19 issu d'une réaction de clivage du benzaldéhyde dans APSg par le malonitrile.**

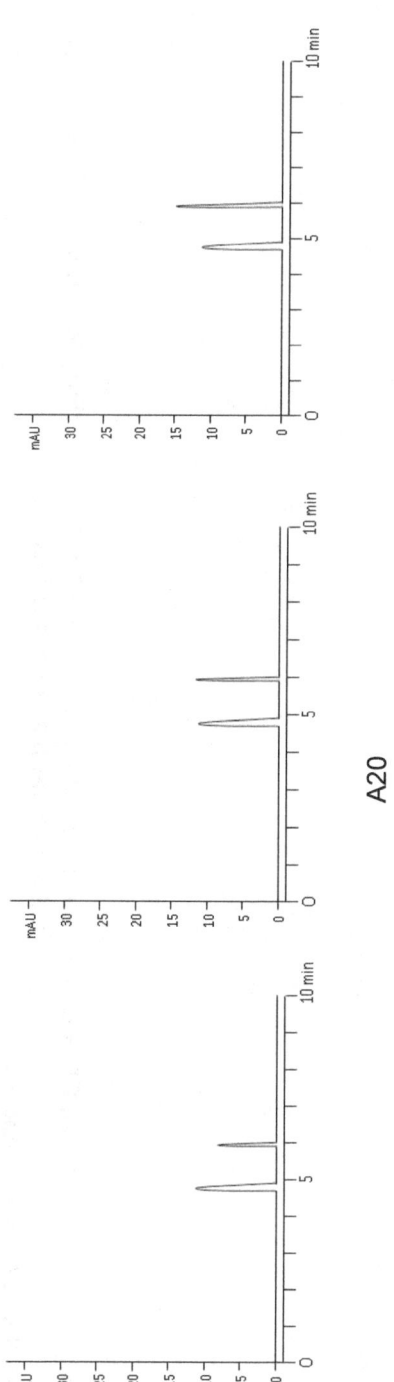

A20

## Conditions chromatographiques :

Discovery C18 25cm x 4,6mm
Phase mobile : $CH_3CN/H_2O$ (60:40)
Débit : 2 ml/min
Température ambiante
Volume injecté : 10 µl
Détecteur : UV 254 nm

| Echantillon | Aire du pic (mAU) | Temps de rétention (min) |
|---|---|---|
| Echantillon | 7,94 | 6,0 |
| Ajout de 5 mg | 11,32 | 6,0 |
| Ajout de 10 mg | 14,71 | 6,0 |

**Echantillon :** 10 µl de la solution d'éthanol.

**Figure 9 : Méthode des ajouts : analyse quantitative du produit de condensation A20 issu d'une réaction de clivage du malonitrile dans APSg' par le benzaldéhyde.**

## *Annexes / B. Spectres FT-IR*

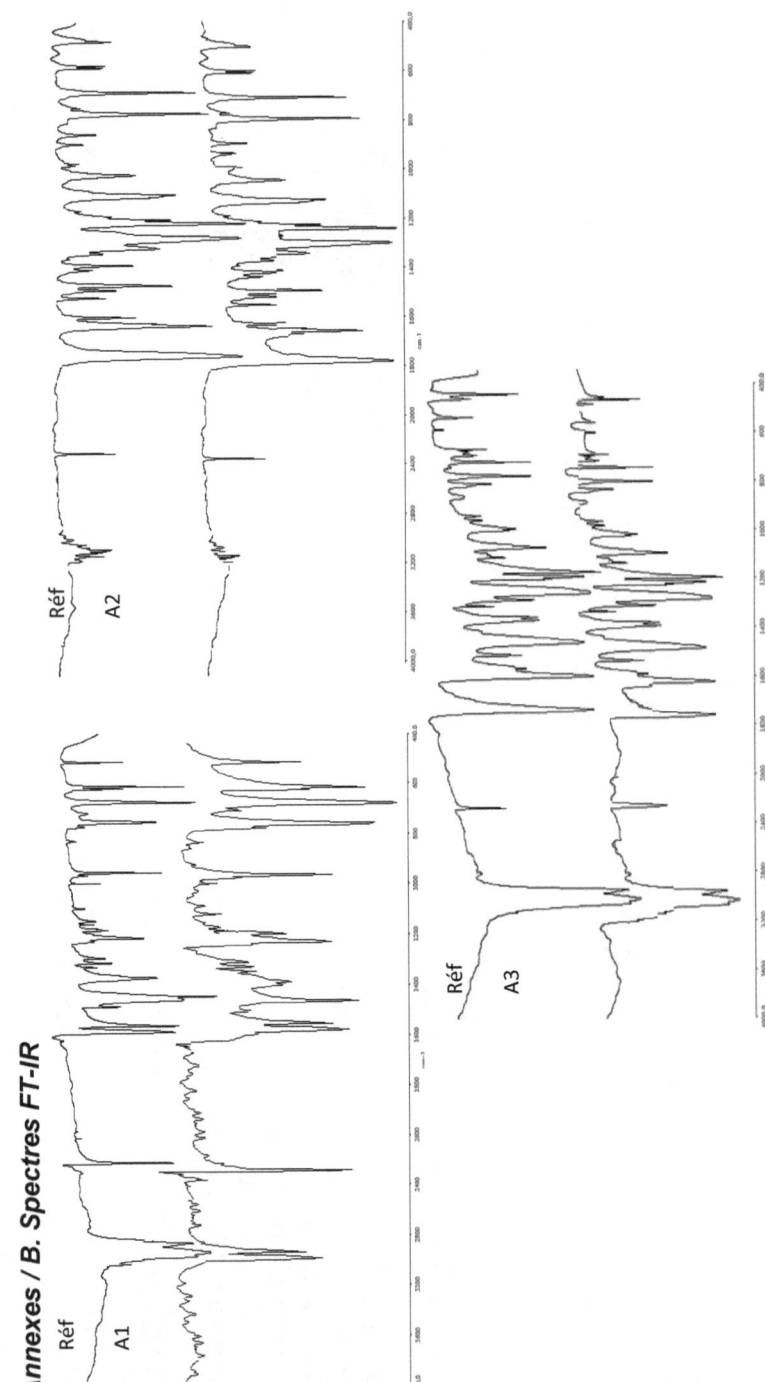

**Figure 10 : Analyse en FT-IR des produits de condensation A1, A2, A3 issus d'une réaction de Knoevenagel catalysée par les amines primaires.**

*Réf : Spectre FT-IR de référence [145]*

178

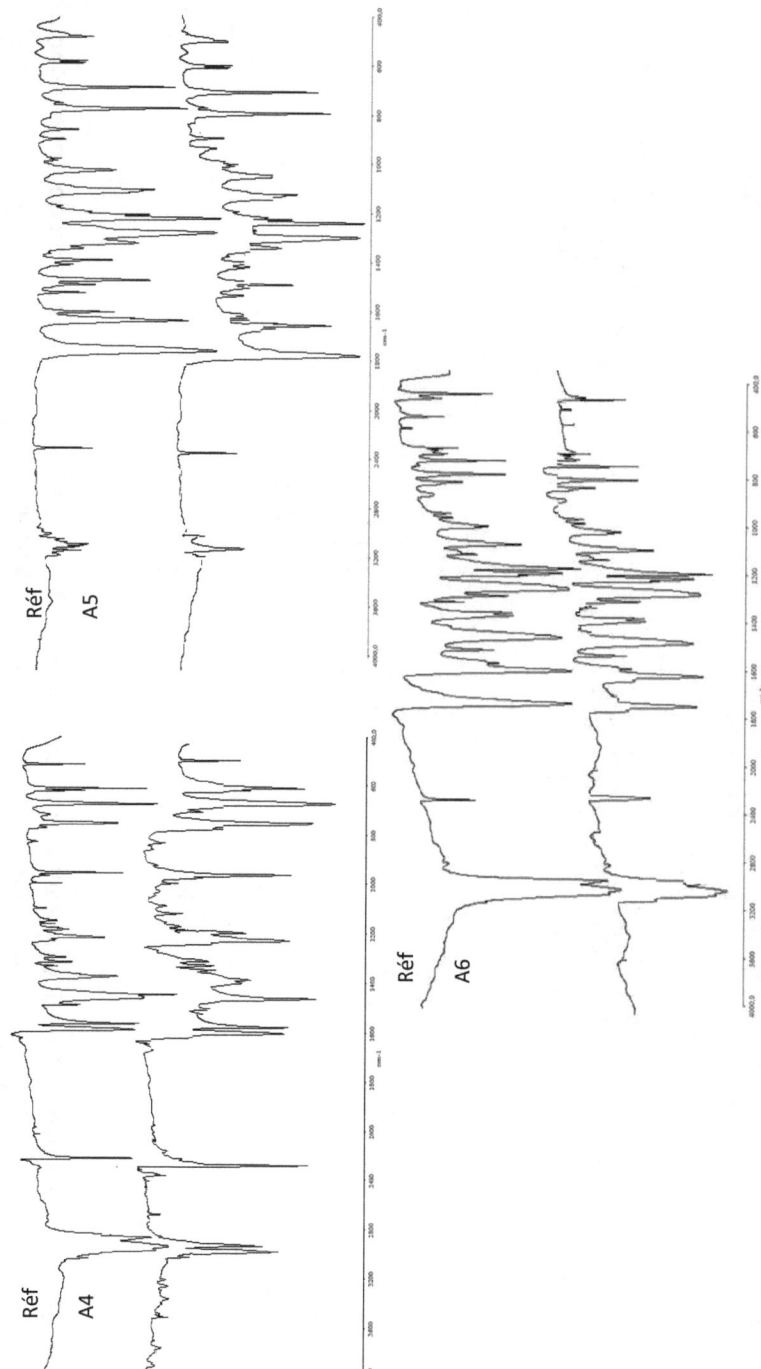

**Figure 11 : Analyse en FT-IR des produits de condensation A4, A5, A6 issus d'une réaction de Knoevenagel catalysée par l'APS sous micro-ondes.**

*Réf : Spectre FT-IR de référence [145].*

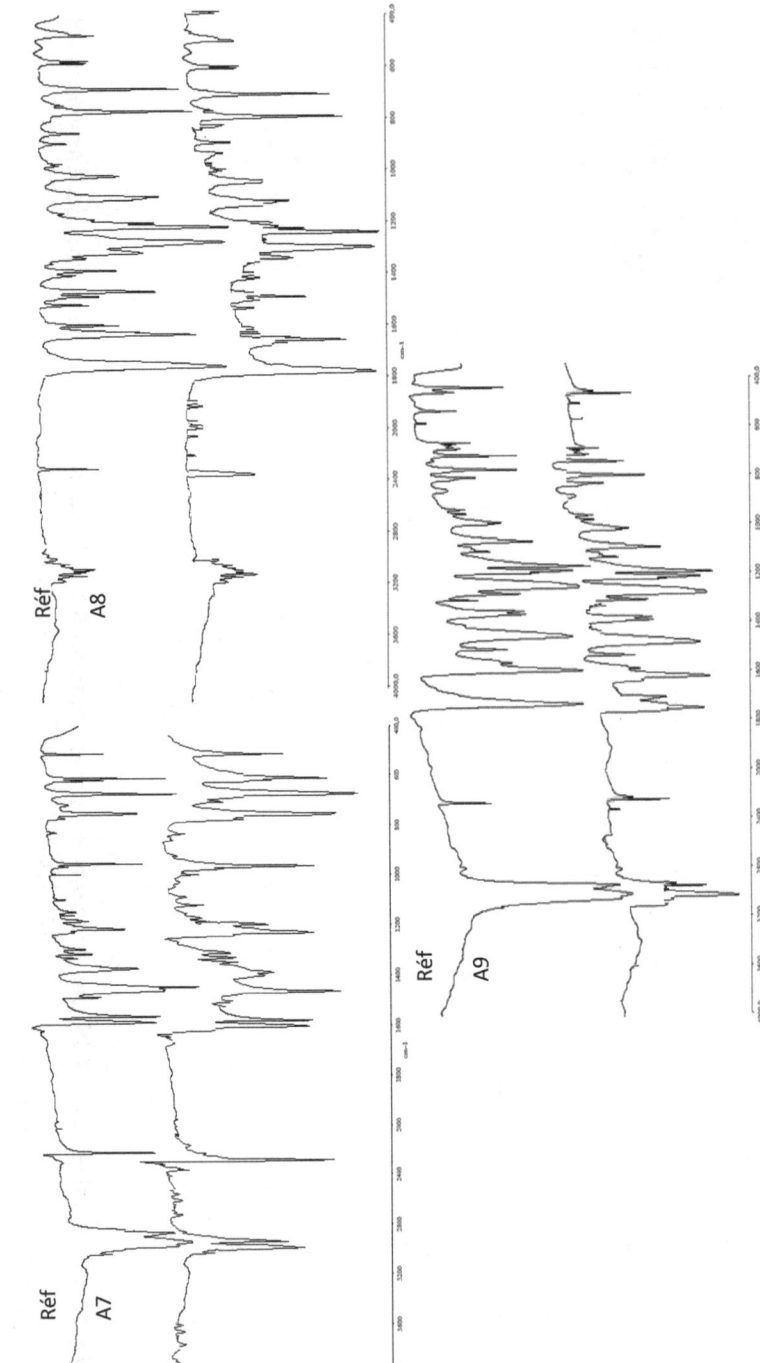

**Figure 12 : Analyse en FT-IR des produits de condensation A7, A8, A9 issus d'une réaction de Knoevenagel catalysée par l'APS sur colonne.**

*Réf : Spectre FT-IR de référence [145].*

180

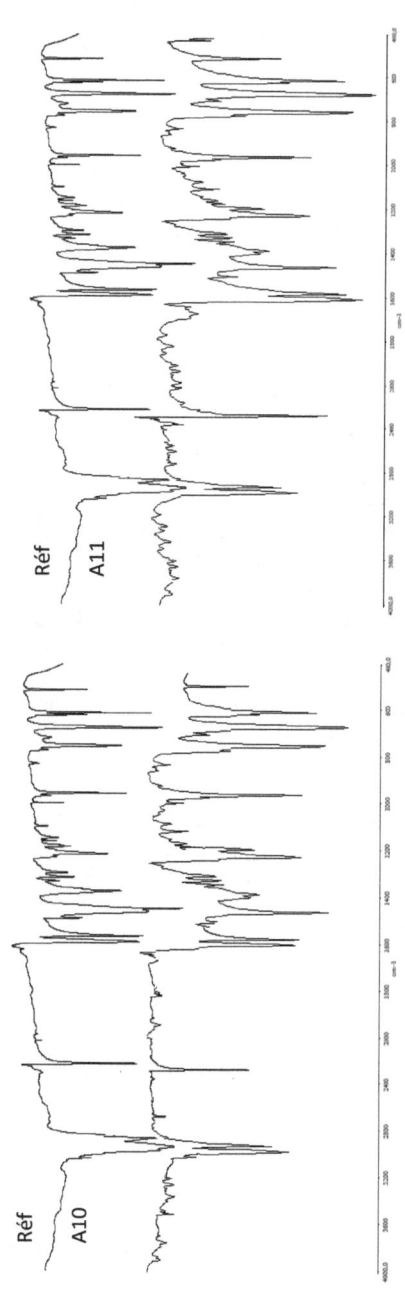

**Figure 13 : Analyse en FT-IR des produits de condensation A10, A11 issus d'une réaction de Knoevenagel catalysée par SiO$_2$ et Si/C$_4$H$_9$NH$_2$ sous micro-ondes.**

*Réf : Spectre FT-IR de référence [145].*

181

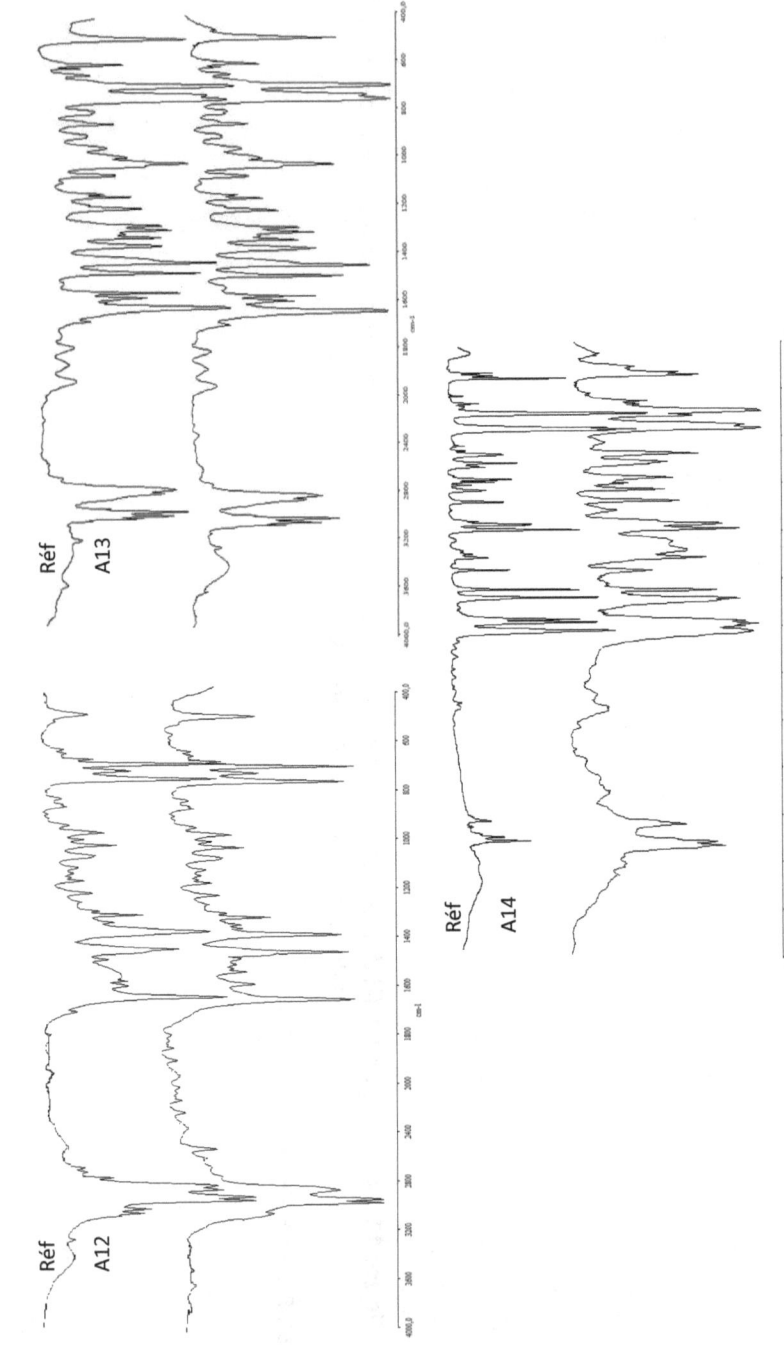

**Figure 14 : Analyse en FT-IR des imines A12, A13, A14.**

*Réf : Spectre FT-IR de référence [145].*

182

# Annexes / C. Analyse par UV-visible

## Courbe d'étalonnage du benzaldéhyde :

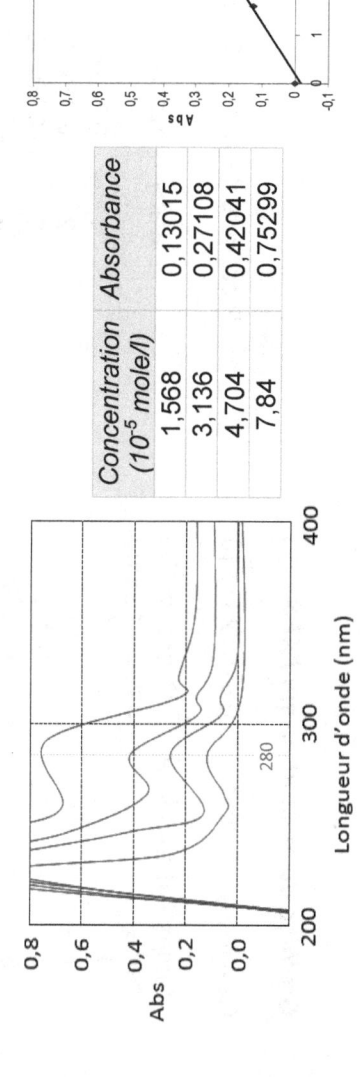

| Concentration (10$^{-5}$ mole/l) | Absorbance |
|---|---|
| 1,568 | 0,13015 |
| 3,136 | 0,27108 |
| 4,704 | 0,42041 |
| 7,84 | 0,75299 |

$y = 0,0963x - 0,0172$
$R^2 = 0,9971$

## Greffage du benzaldéhyde sur l'APS :

$$C_R = [(\text{Abs} + 0,0172) / 0,0963] \times 25 \times 10^{-3}$$

| Temps (heure) | Absorbance | Concentration restante $C_R$ (mol/l) |
|---|---|---|
| 0 | -- | 0,05 |
| 1 | 0,13572 | 0,0397 |
| 2 | 0,07293 | 0,0234 |
| 3 | 0,04520 | 0,0162 |
| 4 | 0,04327 | 0,0157 |
| 5 | 0,03980 | 0,0148 |

Procédure de lavage : $C = [(\text{Abs} + 0,0172) / 0,0963] \times 10^{-5}$

| Lavage | Absorbance | Concentration (10$^{-5}$ mol/l) |
|---|---|---|
| 1 | 0,46141 | 4,97 |
| 2 | 0,02709 | 0,46 |
| 3 | - 0,01072 | 0,0672 |
| 4 | - 0,01650 | 0,0072 |
| 5 | - 0,01717 | 0,0003 |

## Courbe d'étalonnage du malonitrile

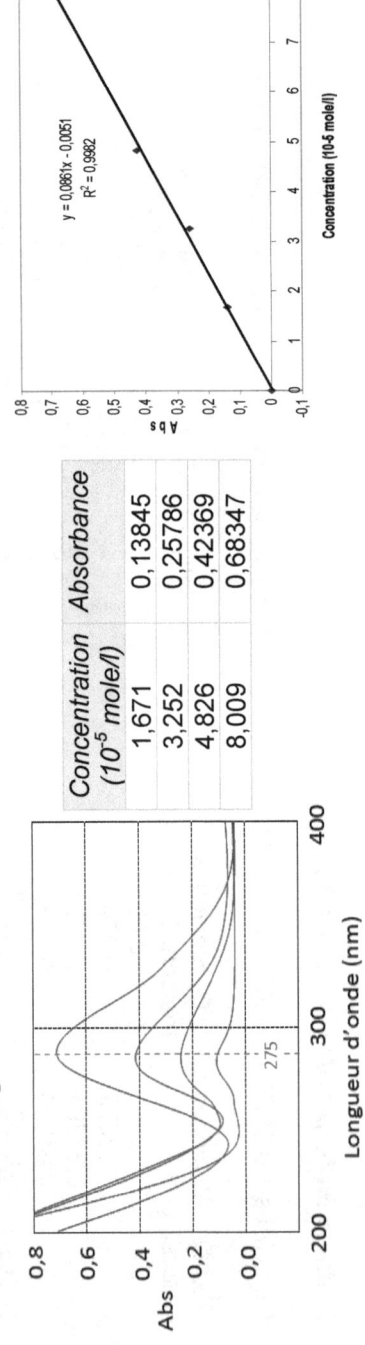

| Concentration (10⁻⁵ mole/l) | Absorbance |
|---|---|
| 1,671 | 0,13845 |
| 3,252 | 0,25786 |
| 4,826 | 0,42369 |
| 8,009 | 0,68347 |

y = 0,086/x - 0,0051
R² = 0,9982

Abs — Longueur d'onde (nm)

## Greffage du malonitrile sur l'APS :

$C_R = [(Abs + 0,0051) / 0,0861] \times 25 \times 10^{-3}$

| Temps (heure) | Absorbance | Concentration restante $C_R$ (mol/l) |
|---|---|---|
| 0 | — | 0,05 |
| 1 | 0,14540 | 0,0437 |
| 2 | 0,13575 | 0,0409 |
| 3 | 0,12508 | 0,0378 |
| 4 | 0,12336 | 0,0373 |
| 5 | 0,12267 | 0,0371 |

Procédure de lavage : $C = [(Abs + 0,0051) / 0,0861] \times 10^{-5}$

| Lavage | Absorbance | Concentration (10⁻⁵ mol/l) |
|---|---|---|
| 1 | 0,74310 | 8,69 |
| 2 | 0,04914 | 0,63 |
| 3 | - 0,00200 | 0,036 |
| 4 | - 0,00460 | 0,0058 |
| 5 | - 0,00499 | 0,0012 |

## Annexes / D. Dosage par ICP-AES

### Principe de la méthode

La torche à plasma est une méthode physique d'analyse chimique permettant le dosage de la quasi totalité des éléments simultanément (l'analyse prend quelques minutes, hors préparation). On utilise fréquemment le terme anglais ICP (Inductively Coupled Plasma), cette méthode consiste à ioniser l'échantillon en l'injectant dans un plasma d'argon, c'est-à-dire que les atomes de la matière à analyser sont transformés en ions par une sorte de flamme extrêmement chaude, jusqu'à 8000 K. L'échantillon pénètre généralement dans le plasma sous une forme condensée (liquide ou solide), et doit donc subir les changements d'états suivants : fusion (pour les solides), vaporisation, ionisation. L'introduction a lieu au centre du plasma, parallèlement au flux de gaz plasmagène.

Spectrométrie d'émission atomique (optique), on parle d'*ICP-AES* (ICP atomic emission spectrometry) ou d'*ICP-OES* (ICP optical emission spectrometry). Dans ce cas, on utilise le fait que les électrons des atomes excités (ionisés), lorsqu'ils retournent à l'état fondamental, émettent un photon dont l'énergie (donc la longueur d'onde) est caractéristique de l'élément. La lumière émise par le plasma est en ce cas analysée par un ou plusieurs monochromateurs, par un réseau polychromateur, ou encore une combinaison des deux. La lumière émise par l'élément recherché est alors détectée et mesurée, et son intensité comparée à celle émise par le même élément contenu dans un échantillon de concentration connue, analysé dans les mêmes conditions (étalon ou standard en anglais). La sensibilité intrinsèque de la méthode et la présence de nombreuses raies adjacentes, parfois peu ou pas séparées par les mono- et polychromateurs, font que cette techniques est appliquée essentiellement pour l'obtention rapide et précise des compositions en éléments majeurs des échantillons minéraux (sels minéraux) [146].

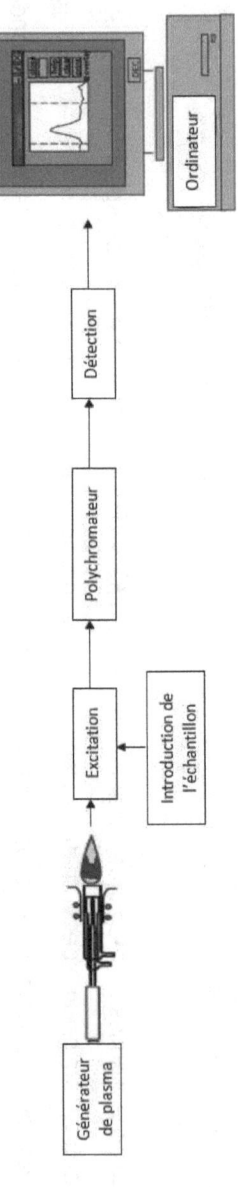

**Figure 15 : Principe d'un appareil ICP-AES.**

## Analyse quantitative

Notre but est de prouver la présence de l'ion sodium $Na^+$ dans le sodium-malonitrile (cristaux bleus) et d'exprimer les pourcentages du déplacement des équilibres (1) et (2) vers la formation de ce carbanion :

$$NC\!-\!CH_2\!-\!CN + Na° \overset{Ether}{\rightleftharpoons} NC\!-\!CHNa\!-\!CN + \tfrac{1}{2}\,H_2\!\uparrow \quad (1)$$

$$NC\!-\!CH_2\!-\!CN + CH_3ONa \overset{Ether}{\rightleftharpoons} NC\!-\!CHNa\!-\!CN + CH_3OH \quad (2)$$

Pour cela, on utilise le fait que le sodium-malonitrile est basique et peut capter un proton en solution aqueuse en libérant un ion $Na^+$, qui peut être détecté et dosé par ICP-AES :

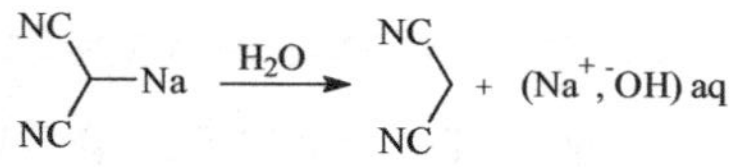

*Solutions standards :*

Ces solutions standards (ou étalons) sont nécessaires pour tracer la courbe d'étalonnage du sodium $Na^+$ en solution aqueuse. En utilisant le chlorure de sodium NaCl, on prépare 3 solutions standards de différentes concentrations (tableau ci-dessous). Avant l'analyse par ICP-AES, il faut fixer la longueur d'onde adéquate du sodium $Na^+$ ou il n'y a pas d'interférence avec d'autres éléments, la longueur d'onde 616,075 nm présente une forte intensité pour le sodium et une intensité négligeable pour les autres interférents (généralement le platine Pt).

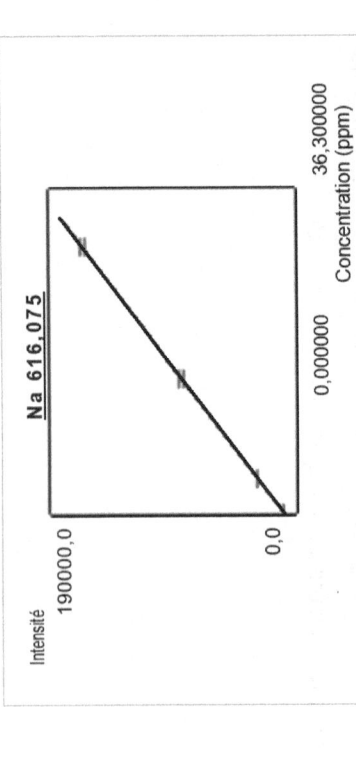

| | Concentration (ppm) | Intensité |
|---|---|---|
| Eau bi-distillée | 0,0000 | 40,855 |
| Standard 1 | 4,0000 | 21537 |
| Standard 2 | 15,0000 | 82237 |
| Standard 3 | 30,0000 | 162475 |

*Equation* : $y = 5421,92\ x + 153,795$
*Coefficient de corrélation* : $0,999975$

*Préparation des échantillons :*

*Equilibre 1* : Des quantités équimolaires (0,01 mole) de malonitrile et de sodium métallique sont protées à réagir dans l'éther pour obtenir le sodium-malonitrile. Après l'élimination de l'excès du sodium métallique et l'évaporation totale de l'éther, on dissout le mélange de malonitrile et du sodium-malonitrile obtenu (mélange de cristaux bleus et blancs) dans 10 ml d'eau bi-distillée, un volume de 10 µl de cette solution est versé dans une fiole jaugée de 10 ml et on complète le volume avec de l'eau bi-distillée. Cette dernière solution constitue l'échantillon N°1 qui sera analysée par ICP-AES.

*Equilibre 2* : De même, pour l'équilibre 2 à la place du sodium métallique on utilise le méthylate de sodium. La solution finale constitue l'échantillon N°2.

*Réaction de Knoevenagel* : Ainsi, par ICP-AES on a pu détecter et doser le sodium $Na^+$ (échantillon N°3) libéré à la fin de la réaction de Knoevenagel par l'intermédiaire du carbanion sodium-malonitrile issu de l'action du méthylate de sodium sur le malonitrile (voir III.B.1.2 Synthèse et réactivité du carbanion).

Concentration (mol/l) = (Concentration en ppm) / 23

Le volume d'eau utilisé pour l'extraction du sodium du milieu réactionnel est de 10 ml, on a donc :

Nombre de mole de $Na^+$ = Nombre de mole de sodium-malonitrile formé = Concentration (mol/l) x 0,01

| | Concentration (ppm) | Intensité | Nombre de mole de $Na^+$ |
|---|---|---|---|
| Echantillon 1 | 9.9362 | 54027 | $4{,}32\ 10^{-3}$ |
| Echantillon 2 | 6.0721 | 33076 | $2{,}64\ 10^{-3}$ |
| Echantillon 3 | 5.9425 | 32373 | $2{,}58\ 10^{-3}$ |

Zeitfracht Medien GmbH
Ferdinand-Jühlke-Straße 7
99095 Erfurt, Deutschland
produktsicherheit@kolibri360.de

Druck:
CPI Druckdienstleistungen GmbH
im Auftrag der
Zeitfracht Medien GmbH
Ein Unternehmen der Zeitfracht - Gruppe
Ferdinand-Jühlke-Str. 7
99095 Erfurt